艺术家

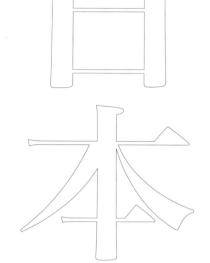

69 处
日本现代建筑
巡礼

Tatsuo
Iso

Hiroshi
Miyazawa

Nikkei
Architecture

〔日〕 矶达雄　著

〔日〕 宫泽洋　绘

张文祎 —— 译

北京联合出版公司
Beijing United Publishing Co.,Ltd.

重新发现日本：69处日本现代建筑巡礼

〔日〕矶达雄 著

〔日〕宫泽洋 绘

张文祎 译

图书在版编目（CIP）数据

重新发现日本：69处日本现代建筑巡礼 / (日) 矶
达雄著；(日) 宫泽洋绘；张文祎译. — 北京：北京
联合出版公司, 2021.12
　　ISBN 978-7-5596-5624-7

Ⅰ.①重… Ⅱ.①矶… ②宫… ③张… Ⅲ.①建筑艺
术－研究－日本 Ⅳ.①TU-863.13

中国版本图书馆CIP数据核字 (2021) 第208982号

PRE-MODERN KENCHIKU JYUNREI

by Tatsuo Iso, Hiroshi Miyazawa,
Nikkei Architecture

POST MODERN KENCHIKU JYUNREI

by Tatsuo Iso, Hiroshi Miyazawa,
Nikkei Architecture

北京市版权局著作权合同登记号 图字:01-2021-4326 号
审图号:GS (2021) 6559 号

选题策划	联合天际·文艺生活工作室
责任编辑	牛炜征
特约编辑	邵嘉瑜　张雅洁
美术编辑	程 阁
封面设计	千巨万工作室

关注未读好书

未读 CLUB
会员服务平台

出　　版	北京联合出版公司 北京市西城区德外大街 83 号楼 9 层　100088
发　　行	未读(天津)文化传媒有限公司
印　　刷	北京雅图新世纪印刷科技有限公司
经　　销	新华书店
字　　数	280 千字
开　　本	889 毫米 × 1194 毫米 1/24　15.25 印张
版　　次	2021 年 12 月第 1 版　2021 年 12 月第 1 次印刷
I S B N	978-7-5596-5624-7
定　　价	98.00 元

前现代派建筑巡礼

024 **大正期** 1912—1926

哇！

栋持柱

后现代派建筑巡礼

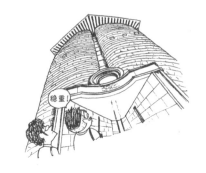

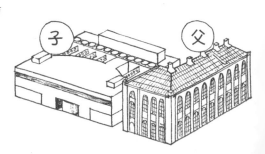

饭店

龙卷风栋

太好了，织阵还在

前现代派建筑巡礼

我最喜欢描绘的时代

本书由《日经建筑》"建筑巡礼"连载中刊登的 18 篇建筑评论，以及新增的"顺路拜访"版块中的 15 篇图解，按照建筑的竣工年份编著而成。收录的作品涵盖明治维新至太平洋战争结束前日本国内竣工的建筑，具体来讲是从竣工于 1872 年的富冈制丝厂，至竣工于战时 1942 年的前川国男宅邸。对比此前发行的单行本《昭和现代派建筑巡礼》（建筑竣工年份为 1945 年至 1975 年）、《后现代派建筑巡礼》（建筑竣工年份为 1975 年至 1995 年），我们将这一时代的建筑定义为前现代派建筑。

本篇前言由本人，即插画作者宫泽执笔。仅从插画的角度来讲，这一时代的建筑是所有系列中我最喜欢绘制的。正如矶达雄在后记中谈到的，其实在十年前连载开启之际，我们二人对战前建筑并不感兴趣。

但是，前现代派建筑是江户时代以前的传统建筑与战后的现代派建筑之间的纽带，在逐一欣赏过后，设计者的良苦用心浮现在眼前，便有了将它们绘制出来的想法。以编辑的身份重新审视这些插图时，创作时的愉悦竟弥漫开来。其中不乏本人也感到欣喜的作品呢。

各位读者可以依序阅读矶达雄的精彩著述与宏大假说，也可以从感兴趣的插图深入内里。无论你对建筑领域了解多少，都可以轻松阅读本书，希望由此让更多人发现建筑的趣味。

《日经建筑》主编 宫泽洋

2018 年 3 月

---

*《重新发现日本：69 处日本现代建筑巡礼》由《前现代派建筑巡礼》与《后现代派建筑巡礼》两本书组合而成，日本版《前现代派建筑巡礼》收录了明治时期至昭和时期的建筑，因内容重复，本书删除了明治时期的内容，这一部分内容可参见《重新发现日本：60 处日本最美古建筑之旅》。本篇前言保留了作者关于明治时期的表述。

井上章一（国际日本文化研究中心教授）× 矶达雄（建筑作家）

隈研吾、妹岛和世在肯德尔的根基之上绽放
若想了解战后建筑，一定要知晓的明治至停战时期的 10 位建筑家

作为建筑史学家、民俗史研究者，井上章一提出的这一崭新视角，在建筑领域之外同样引起了广泛的讨论。

其实，早在 2006 年，"建筑巡礼"系列第一卷《昭和现代派建筑巡礼·西日本篇》一经出版，便得到井上章一在报纸书评栏上的倾力推荐。

此次矶达雄怀着感激之情，与井上章一在其任教的京都市国际日本文化研究中心展开对谈，聊聊两位眼中那些我们已经很熟悉的建筑大师。（对谈大纲·肖像画：宫泽洋；对谈摄影：生田将人）

今日对谈的题目是"若想了解战后建筑，一定要知晓的明治至停战时期的10位建筑家"。我们从二位脑海中浮现的年代最久远的建筑家开始如何？井上先生请。

井上（以下简称"井"） | 那应该是约西亚·肯德尔（1852—1920）吧。

矶 | 我也想先聊一聊肯德尔。

井 | 我认为现代建筑都或多或少受到了肯德尔的影响。这样说来，他可是明治时代唯一大众叫得出名字的建筑家。

01 | 约西亚·肯德尔——
"想法"不被理解的巨星

——原来肯德尔的声望如此之高啊。

井 | 或许没有到那种程度，但是片山东熊（1854—1919）、辰野金吾（1854—1917）的名字对于同时代的大众而言可能更陌生。辰野金吾直到最近才作为"辰野隆（法国文学家、随笔作家，1888—1964）的父亲"打入法国文学界啊（笑）。

当然知名度并不能说明什么。毫无疑问，还是现代派建筑家的知名度更高。但是，在这之中，肯德尔是个例外，他确实有一定的知名

01

约西亚·肯德尔
Josiah Conder

1852—1920（大正九年）

热爱日本的英国建筑家

明治维新后，为了在国内普及正统的西洋建筑，日本政府特别设立了工部大学校的造家专业（现在的东京大学建筑系）以培养专业人才。肯德尔被聘请为教师，从英国来到日本，后培养出以辰野金吾为代表的众多建筑家，被尊称为"日本建筑之父"或"日本建筑之母"。作为建筑家的肯德尔，接受明治政府的委托，设计了帝室博物馆（今为东京国立博物馆）、鹿鸣馆等建筑作品。辞去大学教职后，肯德尔担任三菱集团顾问，设计了三菱一号馆等事务所及宅邸。谈及私人生活，肯德尔娶了一位日本太太。出于对河锅晓斋[1]画作、花道等日本文化的喜爱，肯德尔曾执笔相关著作。肯德尔最终在日本逝世，葬于东京护国寺内。

1　河锅晓斋（1831—1889），日本天才浮世绘画师。

度。忘记是在哪本书中看到的，当时东京企业的入社考试，面试官经常会问是否听说过肯德尔。"肯德尔？我知道他。"这样回答的人，会给面试官留下气质不凡的印象，看来"肯德

尔"这个名字被当作了试金石。

矶 | "肯德尔"的片假名读法是"コンドル"，也能从侧面说明这个名字很早就流传于日本了吧。

——是吗？放到现在呢？

矶 | "Conder"一般会被读作"コンダー"吧？槇文彦先生倒是一直将"肯德尔"称作"コンダー"，还真是槇先生的作风呢。

井 | 我举出肯德尔的另一个原因是，他的建筑作品常采用伊斯兰设计元素，鹿鸣馆（1883年竣工，1940年拆除）就非常典型。也许在他看来，阿拉伯装饰图案是日本与西洋建筑之间的纽带吧。山崎实设计的世界贸易中心同样融合了伊斯兰建筑风格。或许山崎实也对作为

纽带的阿拉伯装饰图案非常感兴趣吧。

矶 | 肯德尔的另一件作品旧岩崎邸庭园（1896年）也采用了伊斯兰建筑风格。也许是想玩味异国情调而采用的吧。

井 | 有道理。不过，法国作家皮埃尔·洛蒂（1850—1923）在参观过鹿鸣馆之后感叹道"就像一座近郊赌场"。我认为形容得十分贴切。战前落成的国技馆也是伊斯兰风格的。

矶 | 辰野金吾设计的那座架设着穹顶的建筑（1909年竣工，1982年拆除）？

井 | 没错。国技馆采用的是伊斯兰建筑风格，一般用于动物园、温泉胜地的歌舞伎剧场等休闲娱乐设施。正统的议事堂、政府机关是不会采用这种风格的。这类似于日本人将充满异国

鹿鸣馆（1883年）

约西亚·肯德尔设计的鹿鸣馆（现已不存）外观示意图（插图：宫泽洋）

约西亚·肯德尔设计的旧岩崎邸庭园（1896年）洋楼的东侧外观。一层的日光房扩建于1910年前后

肯德尔的门生辰野金吾设计的国技馆，于1909年落成，现已不存

情调的欧洲中世建筑风格融入情侣酒店的设计吧。辰野也选用非正式的伊斯兰建筑风格来装饰欧洲风的国技馆。

——肯德尔作为建筑家的成就如何？

井|这个我不太了解，但似乎没有特别出彩的作品吧。

矶|况且他青年时期就来到日本（1877年赴日，时年25岁）。

井|这一点不仅是肯德尔，威廉·梅瑞尔·沃利斯（1880—1964）在自己的国家也没有成就可言吧。

矶|沃利斯本来就是个外行吧。

井|对于那个时代的日本人而言，建筑的优劣并不重要吧。或许没有人留意到鹿鸣馆融入的伊斯兰建筑风格。时至今日，即便鹿鸣馆作为西式代表建筑在教科书中出现，但采用伊斯兰建筑风格、走休闲设施风这些特点却

从未被提及。

我想这样总结肯德尔的成就会比较恰当——肯德尔是明治、大正时代最具声望的建筑家，但他对阿拉伯装饰图案的"执念"却并不为人所知。

02+03 | 辰野金吾、片山东熊——截然不同的竞争对手

井上章一

国际日本文化研究中心教授。专攻建筑史、意匠论。主要研究民俗、意匠等近代日本文化史。1955年出生于京都，京都大学研究生院工学研究科建筑学专业硕士，著作《编造出来的桂离宫神话》（讲谈社学术文库）荣获1986年三得利学艺奖。另著有《灵柩车的诞生》（朝日选书）、《美人论》（朝日文艺文库）、《疯癫与王权》（讲谈社学术文库）、《伊势神宫》（讲谈社）、《厌恶京都》（朝日新书）、《现代建筑家》（A.D.A.EDITA Tokyo 出版社）等。

——接下来是第二位建筑家。

矶 | 肯德尔门下所谓的第一代日本建筑家共有四人（辰野金吾、片山东熊、曾弥达藏、佐立七次郎），但他们的风格截然不同，这一点十

02

辰野金吾
Kingo Tatsuno

1854（嘉永七年）—
1919（大正八年）

质朴刚健的建筑先驱

作为工部大学校造家专业的首届毕业生，后来自立门户的建筑家共有四位，辰野金吾便是其中之一。他与同窗曾弥达藏都出身于佐贺县的唐津，不同的是，曾弥家是上级武士家族，而辰野家是下级。辰野以第一名的毕业成绩留学英国，回国后任教于帝国大学校，同时连任造家学会会长（后来的日本建筑学会），并以学会为根基，成为日本建筑界黎明期当之无愧的领军人物。作为民间建筑设计事务所的开拓者，辰野先后成立了位于东京的辰野葛西事务所及位于大阪的辰野片冈事务所，打造出第一银行神户支行（现神户市营地下铁港元町站）、盛冈银行总行、奈良酒店等建筑作品。辰野的作品风格质朴刚健，因此他也得到了"辰野坚固"的绰号。

分有趣。特别是辰野金吾和片山东熊，这二位我想对比着来讲。

井 | 好，那来谈一谈辰野金吾和片山东熊吧。

矶 | 他们二人算是棋逢对手。辰野是唐津的下级武士家族出身，因此给人一种摆脱寒门、力争上游的印象。而片山则是长州藩的显贵人家出身，得天独厚的背景，加上名门望族的多方关照，片山在长州藩、明治政府的美差源源不断。辰野在初学建筑时成绩不佳，勉强考入工部大学校，但毕业时已名列前茅。若用《巨人之星》这部漫画打比方，辰野金吾便是星飞雄马，片山东熊则是花形满吧。

井 | 片山是花形汽车公司的少爷？（笑）虽然

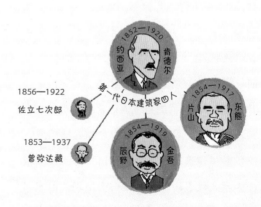

肯德尔与四位门生

矶达雄

建筑作者。作者简介详见前勒口

与他出入宫廷的形象有些不符，但我懂你的意思。

矶│我完全没有那种联想呢。（笑）这样说来，曾弥达藏就是伴宙太，妻木赖黄就是左门丰作吧？

井│以国际视角来看，妻木赖黄（1859—1916）的水准其实高于辰野金吾与片山东熊吧。妻木并不是从所谓"田舍大学"的东京帝国大学毕业，而是在美国康奈尔大学攻读建筑，因此当德国向妻木抛出橄榄枝时，他可是将前辈们甩在身后，早一步成了顶尖建筑家。我想毕业于东京帝大的建筑家前辈们会分外眼红吧。"这毛头小子赶超我们了！"

——井上先生，您怎么评价辰野金吾与片山东熊呢？

井│虽然辰野是高产的建筑家，但其作品比同时代的欧洲建筑规模要小。即便是日本银行，落成之初的规模也不能与其他欧洲建筑相提并论。偏高层的建筑作品，在恰当的设计之中又常给人一种扁平的印象。相比之下，片山东熊的作品规模就十分可观了。

矶│京都国立博物馆（1895年）、赤坂迎宾馆（1909年）都是宏伟的建筑呢。

井│建筑作品较少，但美差源源不断的片山东熊，与谈不上"乱造"，但作品数量确实可观的辰野金吾，他们二人作为建筑家都是非常称职的。

矶│虽然本人的欣赏水平有限，但能够确定的一点是，在日本银行的设计中，辰野金吾完成的部分（1896年），与相邻（东侧）的长野宇平治（1867—1937）后来完成的扩建部分（1935年、1938年）相比，我更倾向于长野的设计。

井│没错，长野宇平治确实是个狠角色，可以根据建筑规模来灵活调整设计风格。

03

片山东熊
Tokuma Katayama

1854（嘉永七年）—
1917（大正六年）

打造皇室建筑的才子

片山东熊毕业于工部大学校造家专业，是辰野金吾的同窗，也是竞争对手。片山出身于长州藩，与同乡山县有朋家往来密切，他便与山县家宅的设计者约定，在校级设计竞赛中一较高下，最终片山的作品入选。毕业后，片山任职于内匠寮（宫内省的营建部门），欧洲建筑考察之旅结束后，打造了东宫御所（迎宾馆赤坂离宫）、竹田宫邸等多座皇室宅邸，以及东京国立博物馆表庆馆、京都国立博物馆等多座博物馆建筑。论其才能之高，建筑评论家神代雄一郎曾在《近代建筑的黎明》一书中，推举辰野、片山、妻木赖黄为明治时代的建筑三大家，并认为"相较之下，片山东熊的设计更胜一筹"。

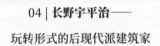

04 | 长野宇平治——
玩转形式的后现代派建筑家

——第四位建筑家来谈一谈长野宇平治怎么样？

井 | 正如前面谈到的，长野从辰野手中接过日本银行的设计大任，摇身一变成了古典派建筑

片山东熊设计的京都国立博物馆（1895 年）。图为从谷口吉生设计的作品——于 2014 年开馆的平成知新馆望过去的景象（摄影：生田将人）

片山东熊设计的迎宾馆赤坂离宫（1909 年）

辰野金吾设计的日本银行总行。东侧的扩建部分，由辰野金吾的门生长野宇平治接手设计（1896 年）

长野宇平治设计的横滨市大仓山纪念馆（1932年，P094）

04

长野宇平治
Uheiji Nagano

1867（庆应三年）—
1937（昭和十二年）

深究古典主义建筑

从东京帝国大学造家专业毕业后，长野经由横滨海关、奈良县，成为日本银行的技师。他打造了日本银行总行的扩建部分、日本银行冈山支行、横滨正金银行东京支行等众多银行建筑，成为日本国内公认的古典主义建筑第一人。随后长野还参加了国际联盟会馆的设计竞赛，并在大仓山纪念馆的设计中，融入了比希腊建筑年代更久远的迈锡尼文明的建筑样式。即便到了晚年，长野仍有旺盛的设计热情。作为日本建筑学会首任会长，长野致力于提升建筑家的社会地位。

家。或许他并不倾心于古典主义的建筑形式，但能很好地消化既定框架，像是找到了在古典主义形式中调整建筑形态的乐趣。

矶 | 如同在某种规则中嬉戏一般。

井 | 没错，就像在规则之中做游戏。比方说，银行与证券公司在历经时代变迁后，业务范围不断拓展，已经超出古典形式的负荷了。为了破解这一难题，长野所做的努力可以看作一场千钧一发之际的形式保卫战，这与矶崎新随后提出的观点如出一辙。可以说是看到了在"形式戏法"中表现的可能性吗？其中本人也能发现的后现代思维模式，或许不仅长野，旧时代的建筑家也都无一例外地直面过吧。

矶 | 其实从明治时代起，后现代感就已经萌生了。或许这正是肯德尔时代的建筑家会选用世界上各类样式的原因吧。

井 | 其中不拘泥于形式且表现得游刃有余的，最令人眼前一亮的便是长野宇平治。

矶 | 但是，他的收官之作大仓山纪念馆（1932年，P094），就有些让人捉摸不透了……

井 | 那个啊，我也感到有些破格呢。（笑）

05

岩元禄
Roku Iwamoto

1893（明治二十六年）—
1922（大正十一年）

英年早逝的艺术派建筑家

从东京帝国大学建筑专业毕业后，岩元禄进入递信省工作。在包含入伍期的短短两年半时间内，岩元承担了西阵分局舍、青山电话局等项目的设计工作。随后，岩元在东京帝国大学的建筑专业担任助理教授，但在第一年就出现了咳血的症状，经过疗养也未见好转，29岁便英年早逝。因不拘泥于以往样式的独特作品风格，岩元被称作日本最初的"艺术派建筑家"。个人生活方面，据说岩元借宿在雕刻家的工作室内，在那里创作绘画、弹奏钢琴。作为分离派建筑会成员堀口舍己、山田守等人敬仰的兄长，岩元却拒绝参与运动。

任职于递信省的岩元禄设计的旧京都中央电话局西阵分局舍（1921年，P038），正面外墙装饰着裸女躯干雕像

05+06 | 岩元禄、吉田铁郎——
诞生于官厅的"前卫"建筑家

矶 | 第五位来聊一聊递信省出身的建筑家吧，如岩元禄（1893—1922）？

井 | 说到递信省，我想举出吉田铁郎（1894—1956）与岩元禄。

——那么我们从岩元禄开始吧。

矶 | 虽然递信省是建设坚实可靠的公共设施的组织，但其中不乏设计风格前卫的建筑家，以山田守（1894—1966）为代表的表现主义建筑家辈出。其中，首位崭露头角的便是岩元禄。但是，由于英年早逝，他几乎没有作品存世。即便如此，日本的表现主义竟发祥于这样的组织，真是非常有意思。

井 | 我认为这种现象不是日本独有的。意大利的现代派风潮也始于邮局的建设。

——真想不到啊。

井 | 国家在建设邮局、铁道等公共设施时，会采用时下最尖端的设计。虽然意大利是对新鲜事物接受程度不高的国家，但港口、铁道、邮政等公共设施十分现代，融入了尖端设计。

因此，在日本的公共设施建设组织中，同

样聚集着一群野心勃勃的建筑家。岩元设计的西阵电话局（旧京都中央电话局西阵分局舍，1921年，P038）的外墙还装饰着裸女雕像呢。

矶| 没错。确实装饰着裸女躯干雕像，设计非常大胆。

井| 据说当时在电话接线室上班的女性职员，进门时总会害羞地低着头。

作为将现代美术、音乐的熏陶当作精神食粮的建筑家，岩元禄是一个特别的存在。这个说法可能不太恰当，但说到艺术气质浓郁的建筑家，首先会想到岩元禄吧。辰野金吾等人身上似乎就没有这种气质。

——我们来谈一谈吉田铁郎吧。

井| 吉田铁郎同样是一位才华出众的建筑家。但是，他完全顺应了现代派的设计潮流，未免有些可惜。

矶| 我也认为他转型前的作品更好一些。

井| 宇治山田（三重县伊势市）有一处吉田铁郎的早期作品（旧山田邮局电话分室，1925年），如今那里是一家餐厅。十几年前我去拜访的时候，偶然遇到老板，就聊了起来。他就住在那附近，"我很喜欢这座建筑，经过一番努力终于得到了经营许可"，老板如是说道。

06

吉田铁郎
Tetsuro Yoshida

1894（明治二十七年）—
1956（昭和三十一年）

在邮局建筑中确立的现代派风格

从东京帝国大学毕业后，吉田铁郎进入递信省工作。吉田设计的京都中央电话局上分局、别府公会堂等早期作品，会使人联想到德国表现主义或北欧浪漫主义建筑，但随后吉田逐渐转向摒弃装饰的合理主义，代表作品有东京中央邮局和大阪中央邮局，特别是东京中央邮局，被前往日本考察的德国建筑家布鲁诺·陶德盛赞为现代派建筑杰作。吉田晚年时在日本大学任教，并将《日本的住宅》等介绍日本建筑的著作编译成了德语。向井觉在著书中提到，吉田铁郎在弥留之际曾感慨："日本有许多平淡无奇的建筑啊！"

吉田铁郎任职于递信省期间设计的旧山田邮局电话分室（1925年）。如今这里是一家名为"美好生活"（Bon Vivant）的法式餐厅（图：Bon Vivant）

我追问："您喜欢吉田铁郎的设计吗？""吉田
铁郎是谁？"。（笑）

　　听到这番话，吉田铁郎在九泉之下也会感
到欣慰吧。虽然附近的居民不知道这是由如此
伟大的建筑家打造的作品，却产生了"我很喜
欢这座建筑，所以一直想利用它做些什么"的
想法。

　　相较之下，欣赏与东京中央邮局（1931
年，P092）同时期的作品时，就会发现吉田
当时还没有完全转向现代派风格。大阪中央邮
局（1939年）等转型后的建筑作品，倒是很
少听到大众的赞美之词了。

　　京都丸太町临街的邮局（旧京都中央电话
局上分局，1923年）同样受到了大众的喜爱。
据我所知，那座建筑后来被用作健身房、餐
厅，如今是一家便利店，总而言之，不断有人
想要入驻那里。但是，一般大众并不能感受到
吉田转型后作品的魅力，因此日本建筑学会不
得不全力以赴，为保护这些建筑而努力。

　　——听说矶先生更欣赏转型后的吉田铁郎？

矶 | 是的，相对来讲。

井 | 欸？骗人的吧！（笑）

矶 | 我更青睐吉田铁郎晚年的作品。

吉田铁郎任职于递信省期间设计的旧京都中央电话局上分局（1923年，
登录物质文化遗产）。如今这里是一些店铺和健身房

将建筑物整体平移后得以保存下来的东京中央邮局（1931年，P092）
外观。建筑向东北方向（照片左侧）平移时，角度发生了改变，因此
重新修建了入口所在的拐角处

井 | 原来如此。吉田铁郎的作品，还有一个特
点就是精妙的砌缝工艺。欣赏大阪中央邮局
时，我真是佩服得五体投地。铁质窗框、墙
壁、地板处的砌缝，那般凝聚匠心不知道的还
以为是政府项目呢。（笑）原来当时日本的建

设公司就能达到那种水准。如此规整精妙的砌缝工艺在欧洲建筑中也是极为少见的。

矶 | 确实，吉田铁郎作品的亮点在于细节上的精进及空间上的层次感，这在同时期所谓的现代派建筑中独树一帜。弗兰克·劳埃德·赖特（1867—1959）、安托宁·雷蒙德（1888—1976）等海外现代派建筑家进军日本后，才出现了类似的设计理念。

---

07 | 渡边仁——
因不实标签而不得志的战后生涯

——递信省出身的建筑家，二位举出了岩元禄与吉田铁郎，还有需要补充的吗？

矶 | 我还想谈谈渡边仁（1887—1973）。

井 | 他在递信省工作过一段时间，也算是递信省出身吧。总的来讲，那一时期推崇的是前川国男，所以渡边仁就成了炮灰，尤其是战后时期，真是非常可惜……

——有这样的事吗？

井 | 是非常过分的行为。

矶 | 我也这样认为。战后，渡边提出的帝室博物馆（现东京国立博物馆本馆，1937年，P144）的设计方案成了众矢之的。他的门下

各类样式表现自如

从东京帝国大学毕业后，渡边经由铁道院进入递信省。在职期间，他设计了高轮电话局等作品。渡边于 1920 年创立个人建筑事务所，银座·服部钟表店（现和光本店）的古典主义，日本剧场、新格兰酒店的装饰艺术，第一生命馆的合理主义，原邦造邸（现原美术馆）的现代主义等各类建筑风格，他都驾驭得游刃有余。此外，渡边还积极参加设计竞赛，明治神宫宝物殿、帝国议会议事堂、圣德纪念绘画馆等设计方案均入围"佳作"以上奖项，其中，东京帝室博物馆（现东京国立博物馆本馆）的设计方案夺得一等奖。但是，渡边为了体现参赛规则中的"日本趣味"一项，为建筑架设了屋顶，因此被扣上了军国主义的帽子。

又没有能独当一面的弟子，因此没有人站出来拥护他。

——帝室博物馆的设计竞赛是指？

矶 | 在那场竞赛（1931 年）中，前川国男提出的现代派设计方案落选，而夺得一等奖的渡边仁的设计方案，则采用了如今的悬山式屋顶。

渡边仁设计的东京国立博物馆本馆（1937年，P144）

渡边仁设计的原美术馆（原邦造邸，1938年，P146）

渡边仁设计的和光本店（服部钟表店，1932年）

井|战后舆论指责铺装瓦片的坡屋顶是向法西斯主义献礼。这简直是无稽之谈啊。放眼佛罗伦萨，可是清一色架设平屋顶的"法西斯建筑"呢。好像少了点什么吧？（笑）

矶|那时人们的心理很扭曲吧。

井|不仅是帝室博物馆，军人会馆（现九段会馆，1934年）的和风屋顶，我也认为没有向当时的国粹主义或军国主义靠拢的意味。

九段会馆因沿用了军人会馆的屋顶而招致误解，但是大阪的军人会馆可是现代主义的。

再者，帝国陆海军的设施全部是气派的西方样式建筑。但是，军人会馆是退役军人的社交场所，并不是军队的中枢设施。所以采用日式城池风格也可以理解吧。

后世的论调完全背离了大日本帝国陆海军采用正统的欧洲建筑风格这一事实。

——井上先生怎么评价渡边仁呢？

井|比起评价渡边仁，我更愤慨后世给他贴上的标签啊。（笑）

不过，渡边仁确实是一位有意思的建筑家。他设计原美术馆时（原邦造邸，1938年，P146），已年过半百了。以他在建筑上的成就，足以作为大家自居，但他却转而探索年轻化、新锐的设计领域。

矶 | 因为他有表现各类建筑风格的自信吧。

井 | 也许他无意间在某本建筑杂志上看到包豪斯建筑或勒·柯布西耶的作品，就决定自己也尝试一下。

这样的建筑家竟然被后世的现代派打上了"反动"的标签。

——又回到这个话题上了。（笑）

井 | 不过，渡边仁也打造了日本剧场（1933年，现已不存）、服部钟表店（现和光本店，1932年）等许多为战后东京人所熟知的建筑。

矶 | 渡边确实设计了众多东京的城市景观建筑，包括第一生命馆（1938年）。

井 | 说到第一生命馆，有人质疑它抄袭了希特勒官邸（1939年）的设计。其实希特勒官邸

渡边仁、松本与作合作设计的第一生命馆（1938年）

是后建成的，要怎么抄袭呢？看来事情已经发展成只要听到渡边仁的名字，就必须贴上某种标签的程度了。

矶 | 为此愤愤不平的只有井上先生吧。（笑）

08+09 | 渡边节、安井武雄
花钱如流水
大阪经济人的后盾

——那么第七位建筑家就是渡边仁，接下来还有三位。

矶 | 我们谈一谈大阪建筑家渡边节（1884—1967）和安井武雄（1884—1955）怎么样？我认为那个时代大阪的建筑水准是相当高的。

井 | 深有同感。渡边节设计的棉业会馆（1931年，P086），如今看来外观仍旧质朴，但内部设计却非常厉害。在日本帝国时代，仅看经济

指数的话，大阪确实不输东京。关东大地震之后，大阪还一度超越了东京。

我认为这与大阪的资产阶级对建筑家的扶持不无关系。不仅渡边节，辰野金吾在大阪设立建筑事务所也仰仗了雄厚的背景吧。

一定要知晓的 10 位建筑家

08

渡边节
Setsu Watanabe

1884（明治十七年）—
1967（昭和四十二年）

风靡大阪的"爆款设计"

渡边节生于 11 月 3 日天长节（明治天皇生日），因此得名"节"。从东京帝国大学建筑系毕业后，渡边在韩国政府度支部任职期间，设计完成了釜山及仁川的海关厅舍，后调入铁道院，担任京都车站的设计工作。渡边于 1916 年成立渡边建筑事务所，被认为是大阪民间设计事务所的开创者，随后设计完成的商船三井大厦、日本勤业银行总行是正统的文艺复兴风样式建筑。大阪大厦东京支店的设计，则活用了对欧美建筑的视察成果，结合了装饰性与办公楼的实用性。村野藤吾也出自渡边建筑事务所，据说最令他印象深刻的恩师教导是"一定要做出爆款设计"。

矶 | 大阪的民间建筑项目繁多。看来在那个时代的大阪，建筑家与委托人的关系是非常融洽的。

井 | 主要是不缺钱吧。（笑）像是地坪单价、租赁面积比这些容易产生利益冲突的事项，双方也是一拍即合。

矶 | 安井武雄设计的大阪瓦斯大厦（1933 年，P096）现在看来也非常气派呢。

井 | 瓦斯大厦是杰出的现代派建筑这一点，我想不仅是业内人士，一般大众也有所了解吧。虽然我没有遇到过偏爱吉田铁郎设计的中央邮局的人，但经常听到人们对瓦斯大厦的赞美。

所以现代派建筑在一般大众的心目中还是有地位的。当然，吉田铁郎的作品是个例外。（笑）

渡边节设计的棉业会馆（1931 年，P086）玄关大堂

安井武雄设计的大阪瓦斯大厦（1933年，P096）

础 | 瓦斯大厦具有城市建筑的特点，如设有拱廊，拱廊下方的地面采用空心玻璃块材质，光线由此进入地下空间等，如今看来也是非常精妙的设计。

从大阪民间主导的建筑文化中，还走出了杰出的建筑家村野藤吾（1891—1984）。

井 | 没错，我也想聊一聊村野藤吾。

——那么，我们来聊一聊第十位建筑家村野藤吾。

10 | 村野藤吾
令丹下健三钦羡不已的造型能力

井 | 常听到这样的说法，村野藤吾主张"建筑的99%是由既定条件与经济决定的，剩下的1%才是建筑师个人的风格"，但我认为这只

09
安井武雄
Takeo Yasui

1884（明治十七年）—
1955（昭和三十年）

"自由样式"的极意

从东京帝国大学毕业后，安井武雄任职于南满洲铁道工务课，之后进入大阪的片冈建筑事务所，后被派遣至美国，任职于纽约的建筑设计事务所。回国后，不惑之年的安井开设安井武雄建筑事务所，打造了大阪俱乐部、高丽桥野村大厦、日本桥野村大厦等建筑作品。这些独具一格的作品融入了玛雅风或东洋风的设计元素，家宅则偏向新兴的现代派风格。安井将不拘泥于既有样式的建筑风格定义为"自由样式"，集大成之作便是大阪瓦斯大厦。设计事务所的运营因太平洋战争中断，但于1951年更名为安井建筑事务所后恢复运营。安井武雄去世后，继任者将事务所经营至今。

是场面话，他绝不是这样想的。村野一直以来都排斥超高层建筑吧？如果经济决定99%，那么村野正好处在超高层建筑时代。但如果村野成为打造超高层建筑的顶尖建筑家，我们就不能在地面上欣赏到他擅长的露台设计与考究的建筑外装了。出于这个原因，他才不喜欢设计超高层建筑吧。

10

村野藤吾
Togo Murano

1891（明治二十四年）—
1984（昭和五十九年）

在造型与素材上大放异彩

从早稻田大学建筑系毕业后，村野藤吾进入渡边节的建筑事务所，并于1929年独立。村野倡导"作品应在既有样式之上"，由此开启了超越样式建筑的职业生涯。但是，村野并没有受到现代派的影响，其作品丰富的造型设计与素材选用，在现代派成为主流的战后时期大放异彩。代表作有宇部市渡边翁纪念会馆、世界和平纪念圣堂、丸荣百货、关西大学、都酒店佳水园、日生剧场、千代田生命大厦等。从商业建筑到公共设施，村野活跃于众多领域，饭馆、茶室等日式建筑作品也展现出了他过人的设计才能。完成晚年大作新高轮王子酒店时，村野已年过九十，但创作热情依旧不减。

——向村野灌输"99%由经济决定"理念的，是他的老师渡边节吗？

矶| 渡边节似乎经常强调"要做出委托人认可的作品"。但是，渡边节早年设计的京都车站西侧的扇形调车场（梅小路机关车库，1914年，P026），却是名副其实的现代派风格。

矶| 那里现在是铁道博物馆了。

井| 由此看来，渡边节并不反感简单的建筑样式。委托人要求的话，他也是可以做出来的。但是，村野藤吾在渡边节事务所任职期间，委托人期望的大多是奢靡的设计。我想如何应对这一需求已经成为当时建筑家面对的课题了。

另外，橿原神宫车站（1940年，P158）也是村野的作品吧。它是不是丹下健三在大东亚建设营造计划大赛中获得一等奖作品（1942年）的灵感来源呢？

未采用千木[1]、鲣木[2]的巨型神明造风屋顶的设计，确实源自橿原神宫车站。丹下健三在决心超越前川国男时，是否受到这一设计手法的启发呢？

矶| 原来如此。橿原神宫车站正是落成于大东亚大赛期间。

井| 橿原神宫车站的设计者村野藤吾也是大东亚大赛的审查员。

建筑史学家、对村野藤吾有深入了解的长谷川尧以"早稻田与东大"将丹下健三与村野藤吾区分开来。但是，青年时期的丹下健三

---

1 屋顶两端的封檐板向上空凸出交叉的长木。分为"外削形"和"内削形"。据说前者用来祭祀男神，后者用来祭祀女神。

2 与屋脊垂直相交的并排圆木。其名称的由来可能是因为外形与鲣鱼干相似。

村野藤吾设计的橿原神宫车站（1940年，P158）

应该非常尊崇村野藤吾吧。建筑史学家滨口隆一（1916—1995）在某部著书中提到，对村野设计的宇部市渡边翁纪念会馆（1937年，P138），丹下健三佩服得五体投地。除了丹下，还有众多同时代的建筑家钦羡村野藤吾的才华。

矶｜这样说来，在广岛的教堂设计大赛（广岛和平纪念天主教教堂建筑竞技设计，1948年）中，作为审查员的村野没有选择丹下的作品，他也不会过分懊恼吧。

井｜还是会吧，这是两码事啊。（笑）

总括——如何欣赏前现代派建筑

——到此十位建筑家全部介绍完了。请二位对这一时代的建筑家加以总结，并为不太了解建筑的读者提供一些欣赏建议。

井｜我想讲的与建议正相反。大学三年级时，我第一次欣赏到威尼斯、佛罗伦萨、罗马的建筑，当时的感受就是日本明治时代的建筑毫无意义。（笑）

当时，日本的明治建筑保存运动已经展开，但我认为这在世界历史上是一项意义不大的运动。我不是指建设明治村是没有意义的，在回溯日本近代早期建筑这一层面上，明治村必然有其存在的价值，但在世界历史上的意义并不大。佛罗伦萨的市政厅是镰仓时代的建筑物，那里时至今日仍是市政府职员的办公场所。相比之下，金阁寺与银阁寺是不对外开放的。佛罗伦萨真是厉害啊。这在日本是不可能的事吧。

欧洲文艺复兴后的建筑都非常气派，相比之下，明治时代、大正时代的建筑就有些可惜了。但是，它们的存在得以让我们回味这种苦涩的心情，倒也不是一件坏事。（笑）

矶｜关于这一点，与欧洲具有历史厚重感的建筑相比，日本建筑确实给人一种仿造感。但是，也正因如此，这些建筑才别有一番韵味，类似美国棒球与日本棒球的差别吧，日本棒球也很有趣呢。

棒球运动在世界范围内得到普及，有趣的是每个国家的棒球都有本土化的发展。同理，欧洲建筑样式传入世界各地，观察其本土化特征也是很有意思的。

井 | 言之有理。说一些题外话，如果学习过建筑，就一定知道前现代派的样式建筑与现代派建筑完全是两码事。但是，我认为这在日本并没有明确的划分。

若是在木造平房或两层建筑集中的地方，建造四层或五层的石造、砖造建筑的话，会格外显眼吧。明治时代的人们会误以为那是蓬皮杜中心呢。（笑）一般大众第一次受到如此强烈的视觉冲击，便是在欧洲的现代派设计传入日本之后。

矶 | 原来如此。日本早已适应了明治维新时期的"异形"建筑，因此对现代派建筑的接受度很高。

井 | 这些"违和建筑"在明治时代的日本是非常耀眼夺目的。因此，索性让"违和"的事物正当化并逐渐适应日本。在这种理念的长久影响下，诞生了众多如今闪耀在世界舞台上的日本建筑师。

矶 | 那么隈研吾和妹岛和世要感谢肯德尔了。

井 | 对，我认为他们也受到了这种观念的影响。前现代派建筑与当代建筑是密不可分的。

矶 | 我非常认同这个观点。

井 | 是吗，我之前说了太多理解无能的话吧。（笑）

——真是精彩的总结。非常感谢二位！

追加 3 位无法割舍的建筑家

11

弗兰克·劳埃德·赖特
Frank Lloyd Wright
1867—1959

打造帝国酒店的建筑巨匠

赖特生于美国威斯康星州，曾任职于芝加哥沙利文建筑事务所，后成立了个人事务所。独立初期，赖特以草原式住宅，即强调水平线条的宅邸设计声名大噪。在桃色丑闻导致的事业停滞期，赖特接受了东京帝国酒店的设计委托。在日期间，他还设计了旧山邑邸（淀钢迎宾馆）、自由学院明日馆等建筑作品。随后，赖特再次开启了美国的建筑事业，打造了流水别墅、庄臣公司总部、古根海姆美术馆等众多建筑作品。主打"有机建筑"理念的系列作品，强调空间衔接的流动性及大胆前卫的造型感。赖特被誉为近代建筑三大巨匠之一。

追加 3 位无法割舍的建筑家

12

威廉·梅瑞尔·沃利斯
William Merrell Vories
1880—1964

入籍日本的传道士兼建筑家

从美国科罗拉多大学哲学系毕业后，沃利斯随基督教青年会的活动来到日本，后来在滋贺县近江八幡地区当英文老师。失业后，沃利斯在做医药品牌曼秀雷敦销售的同时，与合伙人一起展开了向往已久的建筑设计工作。他的作品以日本各地的教堂和教会学校为主，代表作有日本基督教团大阪教堂、关西学院大学、神户女学院和大丸心斋桥店。作为基督传教士，沃利斯热心慈善事业，参与了与结核疗养所、幼儿园等相关的慈善活动。沃利斯与日本人柳满喜子结为夫妇。太平洋战争期间，沃利斯也没有离开日本，最后以日文名"一柳米来留"入籍日本。

一定要知晓的 10 位建筑家

13

安托宁·雷蒙德
Antonin Raymond
1888—1976

混凝土原浆抹面的构造之美

安托宁·雷蒙德出生于捷克，曾任职于巴黎建筑家奥古斯特·贝瑞的事务所，后前往美国，与弗兰克·劳埃德·赖特结识。雷蒙德作为帝国酒店的设计监管者来到日本，但在竣工前向赖特请辞，在日本开设了个人设计事务所，代表作品有东京女子大学、星药科大学等。太平洋战争期间，雷蒙德回到美国，战争结束后再次回到日本，打造了《读者文摘》日本支社、群马音乐中心、圣安瑟姆教堂、新发田天主教教堂、南山大学等众多建筑作品。他的代表作多展现混凝土原浆抹面的构造之美，另外还有多座展现屋顶木造框架结构的小型教堂。从雷蒙德的事务所中走出了多位担起日本战后建筑界大任的建筑名家，如前川国男、吉村顺三、增泽洵等。

大正期

1912—1926

在浓尾地震（1891 年）中，由西方传入的砖造建筑损毁严重，因此耐震结构成为当时建筑界的一大难题。

重视工程学的学者们试图占据建筑界的主流。与此同时，与其对立的、将建筑视为一门艺术的分离派也展开了活动。

虽然引领这股潮流的是海外的分离派、新艺术派等新兴的设计流派，但它们很快就在日本引起了反响。

也就是说，日本的建筑设计是紧跟欧美潮流的。

大正时期正是这样的年代。

世界一流建筑家弗兰克·劳埃德·赖特也是在这一时期进军日本建筑界的。

大正三年

1914

扇形车库，正统的现代派！

梅小路机关车库（现京都铁道博物馆）

称号：重要文化遗产

交通：JR京都站下车，步行约20分钟；或乘巴士在梅小路公园·京都铁道博物馆前站下车

地址：京都市下京区观喜寺町

京都府

铁道院（渡边节）

2016年，加入全新展示设施后作为京都铁道博物馆开放参观。在筹备期间，为了实施抗震加固改造，在插图右侧的位置增建了抗震框架。

与小樽市的手宫机关车库3号（1885年）这样早期的砖造扇形车库不同，这座梅小路机关车库（1914年）采用近代的RC结构，实现了20条线路呈约180度展开的构想。

小樽市 3 条线路

梅小路 20 条线路

哇，像是一个斗兽场……
（虽然没有亲眼见过）

可谓扇形车库的杰作，保存状态也相当好。

壮观！

为了减少混凝土的使用量，采用以拱腰（梁的断面斜切加大）纵横相接的设计手法，如同现代派建筑教科书一般。

拱腰

拱腰

设有可以俯瞰车库内景的展望台。

扇形的外侧部分大面积镶嵌了玻璃。天井也设有天窗，采光非常棒！这座建筑完全跳脱了"样式"，所以真的是渡边节的早期作品吗？没有搞错吧！

大正四年

1915

顺路拜访

旧秋田商会

门外汉构思出来的『网红建筑?』

称号：下关市指定物质文化遗产

交通：JR下关站下车，乘巴士7分钟，在唐户站下车，步行1分钟

地址：山口县下关市南部町23-11

山口县

不详

以塔为中心的整体外观令人印象深刻，细节上也独具魅力（特别是窗户四周的设计）。再加上令人愉悦的屋顶庭院，这座建筑『网红气质』满点！

正如"仿洋风"一词所象征的，人们在评价近代建筑时，似乎更关心"这是哪位建筑家的作品"或"设计者是建筑专业出身吗"这类问题。按照这个思路，这座设计者不详、"难道是主人秋田寅之介自行设计的吗"的不知出自何人之手的旧秋田商会大楼，或许并非学术意义上的杰作。但是，当我们拿掉有色眼镜细细观赏时，便会发现这座建筑的趣味。

架设穹顶的建筑外观独具匠心。超越装饰艺术风格，甚至带有些许科技感的装饰非常值得一看。

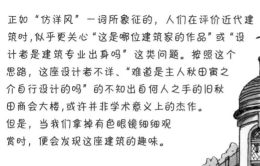

这处设计一定在图纸上下了不少功夫。

▼ 三层平面图

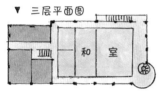

和室

这座建筑在技术层面上也有很大的突破，是西日本最早的钢骨钢筋混凝土（SRC）造建筑。

此次我们有幸参观了屋顶平台栖霞园。据说这是世界上现存最古老的屋顶庭院。

二层和三层的大空间设有木结构书院造住宅，在重点位置上还设置了铁质防火门。

哇！

穹顶和日式房舍相向而立的奇妙空间。在特别开放日前来参观吧！

北海道

大正五年

1916

圣像一般的建筑

河村伊藏

函馆哈里斯特斯东正教堂

地址：北海道函馆市元町 3-13

交通：函馆站前电车站乘市区电车，在十字街电车站下车，步行 15 分钟

称号：重要文化遗产

函馆市西部、函馆山脚下，坐落着函馆区公会堂、旧英国领事馆（开港纪念馆）等众多近代建筑名作，甚至还有一座架设瓦顶的佛教寺院，这是日本第一座钢筋混凝土造寺院（真宗大谷派函馆别院，1915年竣工），真是令人赞叹不已。

其中，函馆最为人熟知的代表性建筑，便是函馆哈里斯特斯东正教堂。

基督教可分为天主教、新教等众多教派，这座教堂属于东正教。东正教将耶稣基督称为哈里斯特斯。这座建筑的历史可追溯至幕末时期，函馆开港后不久，在俄国领事馆内落成的建筑正是这座东正教堂的前身。教堂在1907年的一场大火中损毁，于1916年重建的教堂建筑保存至今。

建筑外观的亮点是白色的灰浆墙壁与其上方架设的透着铜绿色的铜板屋顶。另外，钟塔与多座圆顶的搭配使得建筑轮廓富于变化。俄罗斯教堂建筑中常见的圆顶，形状类似洋葱，但其实它是火球的象征。

教堂的设计者是河村伊藏，他是圣名为莫伊塞（Moisei）的神职人员，虽然不是建筑专业出身，但他设计了丰桥、白河等地的多座东正教堂。另外，河村还是建筑家内井昭藏的祖父。在浦添市美术馆（1989年）等内井的建筑作品中，塔都是非常重要的建筑元素，但追根溯源的话，他应该是从伊藏设计的东正教堂中获取的灵感吧。

存在于现世与天国的交界

进入教堂内部吧。内部沿袭东正教堂的基本形式，分为三大空间。

进入玄关后，类似前室的空间是启蒙所，上方架设着钟塔。后方是用于圣徒祷告的圣堂。圣堂的平面形状类似于切去四角的正方形，上面架设着穹顶天井。

圣堂后方的空间被称作至圣所，中央设有宝座，是司祭在举行仪式时使用的房间，即便是信徒也不能随意进入。

至圣所和圣堂之间立着圣障，形状类似屏风，上面装饰着描绘《圣经》故事的圣像。在东正教中，圣像是非常重要的组成部分，也是了解教堂文化的关键。

圣像被认为是无形的神在世间的投影，人们可以由此看到神的形态，如同一个从世间观看天国景象的窗口。另外，圣像还被比作道成

A 教堂全景。凸出于屋顶的钟塔与多座洋葱式圆顶使得建筑外观富于变化 | B 屋顶的细节 | C 灰浆白墙上的拱形、圆形装饰线条 | D 圣所的平面呈八角形，地板上铺着花席 | E 仰视圣所的穹顶天井 | F 位于圣所正面的圣障，由日本首位圣像画家山下里舞绘制

肉身降世的耶稣基督。

圣障则是作为代表来世的至圣所与代表现世的圣所之间的交界。另外，教堂本身也是现世人们感知来世的场所。原本无法看到的来世景象，人们可以以教堂为媒介观看并感知。在这一点上，可以说圣像与教堂的意义是相同的。

我比较感兴趣的一点是东正教的圣像被认为有别于美术绘画。圣像并不是个人创作，而被看作神在现世的投影。因此，圣像画家从不署名，而且如果画作损坏，也是在原画的基础上直接进行修复。相比艺术，圣像创作更类似于设计或房屋建造。

圣像破坏运动的终结

回溯历史，在8世纪的东罗马帝国，圣像作为一种偶像崇拜而遭到禁用、损毁。圣像破坏运动由此展开。

历经教会内部的对立冲突，圣像再度被接受，但随后又展开了多次圣像破坏运动。16世纪宗教改革后，脱离天主教的新教徒仍然排斥除十字架以外的圣像。圣像破坏运动在历史上不断重演。

建筑家矶崎新认为，近代艺术运动等同于偶像破坏运动（六耀社《矶崎新的建筑谈义04：圣维塔莱教堂》）。建筑的现代派正是如此，摒弃装饰，并试图否定建筑家进行造型设计这一行为本身。

如今这种现象依然存在。利用象征性外观吸引人的"地标性建筑"一次次受到批判，与此同时出现了以"不建造的建筑家""未建造的建筑的重生"为题的杂志特辑。

建筑的形状会消失吗？矶崎在上面提到的书中反对了这个观点。

"被破坏或被否定后，会有更高级的圣像出现，如同一场永无休止的追逐。偶像破坏运动展开的同时，又会激起新一轮偶像狂热。"

也许正因如此，"圣像建筑"不会消失。眺望着函馆哈里斯特斯东正教堂简洁明朗的外观，我不由得产生了这样的想法。

神职人员
河村伊藏 兼建筑家

函馆山名胜——哈里斯特斯东正教堂。俄罗斯东正教将耶稣基督称作哈里斯特斯，因此耶稣基督即耶稣哈里斯特斯。原来如此，受教了！

这是我们二人的第一次俄罗斯建筑巡礼，如同进入了未知领域。此前，我们只知道这座教堂的设计者河村伊藏是内井昭藏的祖父。顺便一提，内井在东正教据点尼古拉教堂（东京）长大，那里就像是他的家。

← 设计了多座哈里斯特斯东正教堂

（儿子）**内井进**

在尼古拉教堂长大

（孙子）**内井昭藏**

写下这些粗浅的认识，我们就出发去函馆山了。
←石阶之上隐约可见的教堂远景令我们兴奋不已。
外观的每个角度都非常上镜！虽然整体规模不大，但轮廓如同大教堂一般。

不光是轮廓，窗户四周的造型也十分精美！
镜头拉近推远都好看！

凸出于三角斜屋顶，形状类似洋葱的小屋顶叫作"洋葱式圆顶"。

原来如此，那电影《劳动者之街》中的化铁炉是源自烟囱的形状吗？

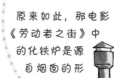

劳动者之街

但是，内部却与我们想象中的有差别。想象中的内景是这样的↓，但实际……

〈想象〉

看来主角不是穹顶天井，而是这些圣像啊

圆顶并非用于采光，而是一种纯粹的外观装饰。

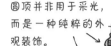

圣像画家山下里舞绘制的圣障

耶稣基督

圣堂上方的5个圆顶分别代表耶稣基督与4位福音书作者。长知识了。

福音书作者

恍然大悟后又不禁要问，那么被纳入世界遗产名录的主显圣容教堂（俄罗斯基济岛）的洋葱圆顶（足有20多个）又有什么含义呢？

抛开含义不谈，其完全忽略内外一致原则的大胆设计，呈现出现代建筑前所未有的跃动感。

说到圆顶，就会立刻想到这座建筑！

内井设计的另一件作品——于2000年落成的长谷木纪念馆（木材纪念馆）上架设着一个巨大的洋葱圆顶。然而，两年后内井就去世了，看来这一设计有某种暗示呢。

内井昭藏设计的浦添市美术馆（1989年）。本以为内井是从琉球的壶屋烧中获取了灵感，这样看来，他的灵感源自洋葱圆顶啊！有尼古拉教堂的影子，还是内井在向祖父或父亲致敬呢？

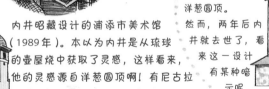

大正八年 顺路拜访

1919

名和昆虫博物馆

在落成 100 年后的今天看来，仍旧是建筑的奇迹

武田五一

称号：登录物质文化遗产

交通：在 JR 名铁岐阜站乘巴士，岐阜公园·历史博物馆前站下车，步行 2 分钟

地址：岐阜市大宫町 2-18

岐阜县

这座古老的建筑如今仍在被利用，真是一个奇迹。比邻而立的木造建筑纪念昆虫馆（1907 年）也是武田五一的作品，但是没有开放参观。

大正时代的砖造建筑至今仍作为展示设施使用，其设计者还是被誉为"关西建筑界之父"的武田五一。但是这座建筑似乎并不为人熟知。名和昆虫博物馆（1919年）是日本第一座专门的昆虫博物馆。

很多资料中都记载它"架设了希腊神殿风格的悬山式屋顶"，但其实只有入口是这样的设计，整体则采用了完全脱离"样式"的"直线条反复设计"。比起希腊风，难道只有我看出了20世纪80年代的建筑家高松伸风吗？

高松伸设计的ARK齿科医院（1983年）▶

建筑内部一至二层都看不到砖墙。开口处整齐排列着白色立方体。

一层中央的3座圆柱采纳了第一任馆长名和靖的提案，由奈良唐招提寺金堂遭受蚁害的树木经过再利用打造而成。

这座建筑位于岐阜公园内，因此常被误认为是公立的，实则不然。现任（第5任）馆长名和哲夫解释道："我们没有使用过补助金，因此大正时代的原始设计被保留了下来。"这是一座如同乘坐时光机而来的建筑，如果来到岐阜县，一定要来这里看一看！

大正十年

1921

夭折的建筑风格

递信省（岩元禄）

旧京都中央电话局西阵分局舍（现 NTT 西日本西阵别馆）

京都府

地址：京都市上京区油小路通中立卖下路甲斐守町 97

交通：地铁今出川站下车，乘巴士在今出川大宫站下车即达

称号：重要文化遗产

京都西阵地区的狭长街道如同围棋盘一般纵横交错。在鳞次栉比的建筑中，日本电报电话公司（NTT）西日本的西阵别馆独放异彩。

这座建筑作为京都中央电话局西阵分局舍（西阵电话局），落成于1921年（大正十年）。如今这里已不再是电话局，而是风险企业的孵化器。

建筑外形是简单的长方体，侧面设有楼梯间塔楼，上方架设的露台装饰着带有沟槽的列柱。北侧和东侧主立面的设计颇具独创性。

北侧主立面的墙壁包裹着中央的飘窗，呈半圆形稍凸出于建筑表面，墙面镶嵌着浮雕装饰。另外，支撑墙面的圆柱上方还装饰着裸妇躯干雕像。相较之下，东侧主立面的设计要朴实、淡雅得多，但仔细观察列柱上方向外伸出的屋檐内侧，就会发现那里也镶嵌着与北侧相同的浮雕装饰。

这样的设计令我联想到同时期在奥地利兴起的维也纳分离派等派系打造的欧洲表现主义建筑。

这座建筑的设计者是递信省（日本电报电话公司、日本邮政的前身）营缮课的技师岩元禄。有别于明治时代的建筑家纷纷效仿西方样式建筑，进入大正时代后，设计者会将自己的艺术品位融入建筑作品。实现这一新锐设计理念的先驱者便是岩元禄。

另外，楼梯间上方的狮头装饰，据说是工程监督十代田三郎的构想。十代田后来在早稻田大学任教，教授建筑构法等课程，建筑作品有野尻湖酒店（1933年竣工，现已不存）等。十代田三郎也是我非常感兴趣的建筑家，但这次先着重介绍岩元禄吧。

短暂的29年人生

岩元禄生于1893年（明治二十六年），从东京帝国大学建筑专业毕业后，岩元进入递信省工作。顺便一提，服部钟表店（现和光本店）的设计者渡边仁当时也任职于递信省。另外，一年后设计出东京中央邮局等代表作的吉田铁郎，与两年后设计出长泽净水厂等代表作的山田守也在同一年入职。也就是说，当时的递信省会集了众多建筑精英。

进入递信省并度过5个月的军营生活后，岩元热心地投入设计工作。在那一时期，作为国策，日本正在全力推进通信基础设施建设，因此递信省营缮课的工作非常繁重。刚

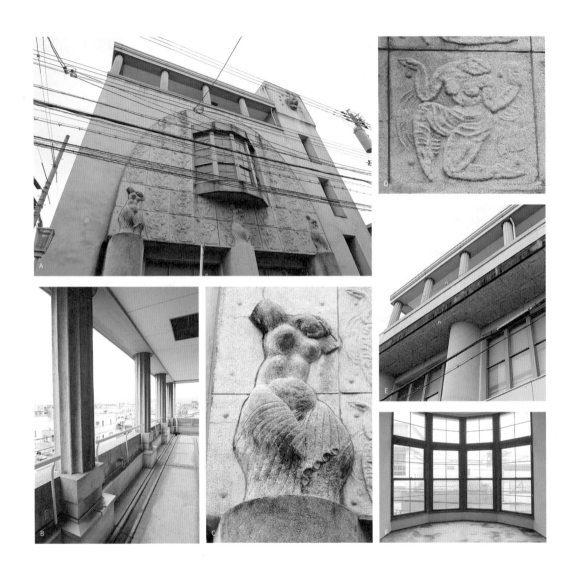

A 仰视北侧主立面。呈拱形的凸出部分镶嵌着浮雕，中央设有飘窗 | B 位于三层的露台，视野非常开阔 | C 立柱上方的裸妇雕像，由大理石粉与灰浆混合后得到的人造石雕刻而成 | D 正面墙壁上的浮雕，尺寸约 1 米 × 1 米 | E 东侧的屋檐内侧也镶嵌着浮雕 | F 从内部二层办公室的飘窗望出去

入职的岩元也承担了设计工作，第一件作品就是西阵电话局。之后，岩元还设计了位于东京的青山电话局（1922年竣工），并于同年（不知出于什么原因）设计了多座箱根观光旅馆（现已不存）。

西阵电话局还未竣工，初露锋芒的岩元便草草结束了设计生涯。离开递信省后，岩元在东京帝国大学任助理教授，但没过多久，便因查出患有肺结核而被停职。岩元于1922年去世，时年29岁。

说到英年早逝的建筑家，还有诗作同样出名的立原道造。但是，立原作为建筑家，生前并没有作品存世。因此，打造出载入史册的建筑作品、年仅29岁便离世的岩元，可以说是日本英年早逝建筑家的代表了。

天妒英才

我们将视线转向建筑领域之外，在那个年代，还有许多英年早逝的艺术家和文学家。

画家青木繁29岁去世，佐伯祐三30岁去世，村山槐多23岁去世，雕刻家中原悌二郎33岁去世，音乐家泷廉太郎24岁去世，文学家樋口一叶24岁去世，正冈子规35岁去世，石川啄木26岁去世。他们都和岩元一样死于肺结核。

随着城市化带来的人口密度增长及工厂劳动增加等社会环境的变化，结核病蔓延开来。日本结核病死亡率的最高峰出现在1918年。

据说，随着结核病的蔓延，在不治之症的恐怖中还夹杂着某种独特的魅力。

"鲜活美丽的生命苍白地死去，才华横溢的人们不幸早逝，其中充斥着一种另类的美，并渐渐变得强烈。"（福田真人《结核文化史》，名古屋大学出版会出版）

岩元的建筑家人生正是一段天妒英才的悲剧，加上其唯美的建筑风格，岩元的形象也变得越发深刻。

虽然岩元的表现主义风格在建筑历史上留下了辉煌的一页，却没有后继者出现。随后，合理主义风格来势汹汹，表现主义风格便从建筑界消失了。岩元的建筑风格也随之夭折。

谈到早逝的天才，每个领域都有一位活在人们记忆中的代表人物。那么建筑界会是谁呢？建筑家即便到了不惑之年，还会被称作新人。所以真的有"早逝"却名垂青史的建筑家吗？当然有。

石川啄木
26岁去世

中原中也
30岁去世

芥川龙之介35岁去世

佐伯祐三30岁去世

岩元禄

（1893—1922），29岁去世。在任职于递信省的两年间，岩元完成了3件建筑作品，后因肺结核离世。其短暂的建筑生涯对建筑家后辈山口文象（递信省的制图员）、吉田铁郎（递信省1年后辈）、山田守（递信省2年后辈）等人产生了深远影响。

岩元设计的3件建筑作品只有西阵电话局留存于世（1921年竣工）。

这个部分
别栋（1957年）
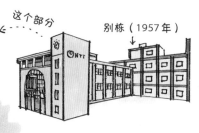

如果没有做事前调查，也许会误认为这是一座"泡沫经济时期建造的后现代派建筑"。非常不可思议的设计。

嗯，找不出类似风格的建筑……

东侧立面一至二层的混凝土列柱非常引人注目。三层楼顶房屋的木柱，用灰浆做出了凹槽（纵沟）。东侧立面是古典样式。

北侧立面的设计给山口、吉田、山田等后辈建筑家非常大的冲击吧。真是越看越摸不着头脑。

冲击1　三座圆柱上方的裸妇躯干雕像（胴体雕塑），其造型是画家莫迪利亚尼风格的变形。

冲击2　48件裸妇浮雕。仙女？

冲击3　巨幅拱形"画布"。

在古典样式中，悬山式屋顶下方的三角形被称作"山墙"，是非常经典的装饰元素。但岩元的野心很大，他用浮雕填满了整个拱形空间。

顺便一提，岩元任职于递信省期间的另一件建筑作品青山电话局（大正十一年）的外观是这样的。

↓

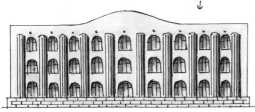

据说在设计阶段，也有在列柱上方架设裸妇躯干雕像的构想。但是，东京方面出现了很多批判的声音，因此没有实现。

想象中的效果。

传统的西阵街区却有一座公共建筑，整面墙壁上装饰着裸妇浮雕。

年轻女性路过时，总会低着头也是可以理解的。

身边有这样一位天才前辈，想必才华横溢的后辈们会对类似的建筑风格望而却步吧。随着现代派成为主流，岩元引领的"奔放"设计风格似乎对递信省产生了反效果。

门司邮局（大正十三年）山田守

大阪中央邮局（昭和十四年）吉田铁郎

1921

自由学园明日馆

距离终点站 5 分钟路程的丰饶空间

称号：重要文化遗产

交通：JR 池袋站下车，步行 5 分钟

地址：东京都丰岛区西池袋 2-31-3

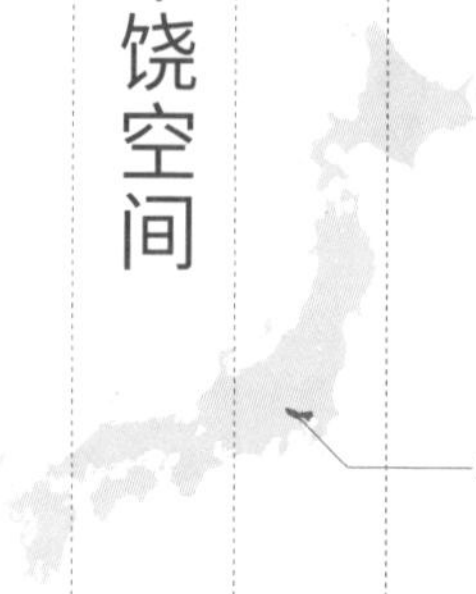

东京都

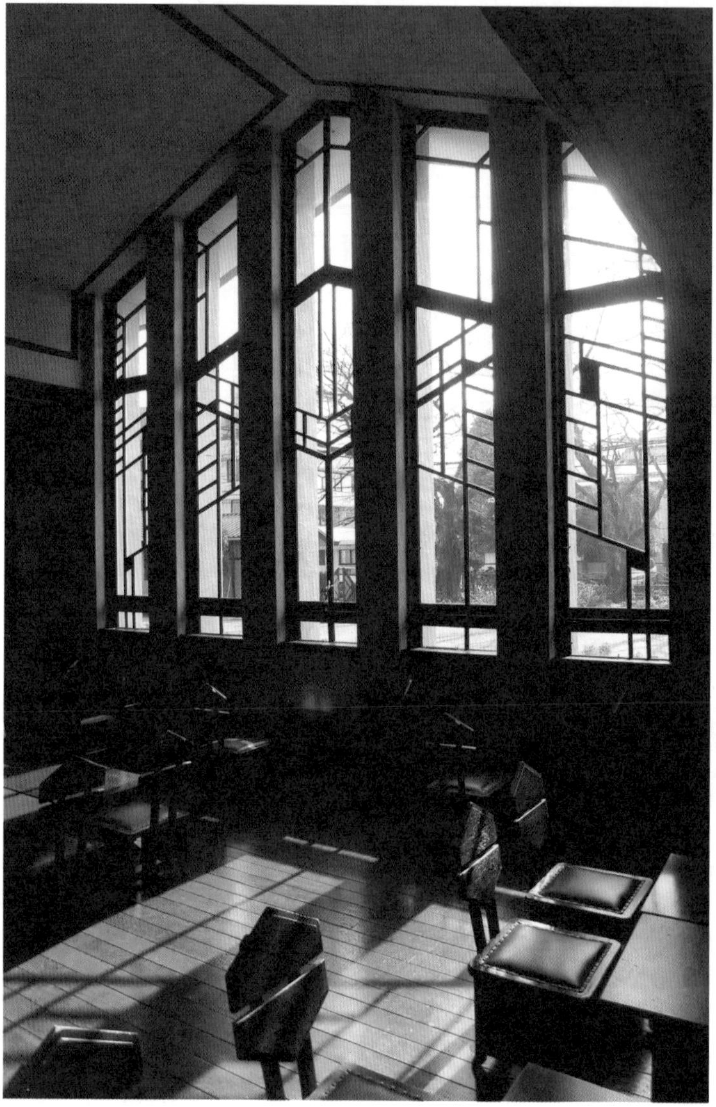

弗兰克·劳埃德·赖特

据说讲堂（1927 年）可以举行结婚仪式，食堂可以办婚宴。讲堂的设计者是赖特的门生远藤新，也是非常厉害的建筑家！

宫泽就生活在池袋。距车站5分钟路程的地方有一座知名建筑，一直是池袋人的骄傲，但其实这座建筑并不为人熟知。

这里游人很少，环境清幽。想让人们知道这个好地方，又不想打破这里的宁静……本地人的心情还真是复杂啊。

这座建筑的设计亮点很多，但是仅有一页篇幅的话，那就着重介绍位于中央的自由学园明日馆吧。整体设计轮廓分明，一点儿也不输帝国酒店。

用简单线条划分区域！

落在地板上的影子都那么美！

令人着迷！这就是赖特！

二次元造型的椅子，坐上去心情很舒畅哩。

大正十一年

1922

被当作任务的建筑

威廉·梅瑞尔·沃利斯

日本基督教团大阪教堂

地址： 大阪市西区江户堀 1-23-17

交通： 地铁肥后桥站下车，步行 5 分钟

称号： 登录物质文化遗产

大阪府

大阪的中心城区在1945年的大空袭中几近烧毁，但也有奇迹般幸免的地区，如淀川南岸、肥后桥西侧一带。漫步街头就能时不时欣赏到战前建筑。日本基督教团大阪教堂就位于这样的街巷之中。

这座教堂的前身是美国传教士戈登于1874年在大阪创立的梅本町公会，它是日本历史最悠久的新教教堂之一。

如今的教堂建筑于1922年落成，设计者是美国建筑家威廉·梅瑞尔·沃利斯。一层由钢筋混凝土与钢骨建造而成，二层是在瓦造屋顶上又架设了一个木造屋顶。建筑在1995年的阪神大地震中受损严重，但很快就得到了修复。

建筑由主体与塔两部分构成。站在建筑前的道路上仰视观赏的话，自然会被砖墙粗糙的纹理吸引。另外，砖墙中央还设有一个精美的玫瑰花窗。

打开入口处的大门，从坐落于玄关大堂左右两侧的楼梯上二层，就来到了礼拜堂。

进入内部，两侧连续的巨型半圆拱形装饰格外引人注目。正面也设有拱形装饰，像一个古罗马风格的舞台。长椅也呈弧形排列，与拱形装饰相呼应，非常有美感。

从建筑爱好者到建筑家

设计者沃利斯出生于美国堪萨斯州。他原本的志向是成为一名建筑家，因此决定攻读麻省理工学院的建筑专业。但是，沃利斯在全美基督教徒集会上听过海外传教士的宣讲后，放弃了成为建筑家的梦想，决心做一名传教士，在海外传播福音。

沃利斯于1905年来到日本，赴任地为滋贺县的近江八幡。他在当地县立商业高中当英文老师，并利用课余时间宣讲《圣经》。有很多学生参加他的宣讲，因此引起了当地信仰佛教的人的警惕，两年后，沃利斯的教育生涯画上了句号。

虽然丢掉了工作，但沃利斯并没有离开日本。他被任命为京都基督教青年会馆增建项目的工程现场监督，并由此产生了创立设计事务所的想法。

也就是说，沃利斯作为一个既不是建筑专业出身，又没有工作经验的业余爱好者，就这样踏入了建筑领域。他与生俱来的建筑才能得到了施展。当然，一个人发展事业是很艰难

A 罗马样式建筑。山墙上方设有玫瑰花窗 | B 按照弗兰德凝固法垒砌起来的砖块，颜色斑驳，非常有感觉 | C 俯视礼拜堂内部。长椅呈圆弧形排列。内部也架设着拱形装饰 | D 从室内观赏玫瑰花窗 | E 礼拜堂上方架设的柱撑式三角桁架 | F 从礼拜堂内部观赏侧廊的拱形装饰。远处的窗户也是拱形的

的，因此他立刻邀请了美国实干建筑家加盟。

沃利斯还成立了近江兄弟社，制造并销售曼秀雷敦药膏，并在近江八幡地区开设结核疗养所、幼儿园、学校等，事业越做越大。然而，在沃利斯看来，这些并不是生意，而是传播基督教的途径，建筑设计也只是他事业的一部分。

即便如此，沃利斯的作品数量庞大，据说足有1500件。

扎根日本的美国建筑家

沃利斯的作品以教堂、教会学校等基督教相关设施为主，包括青山学院、关西学院、东洋英和女学院、同志社、明治学院、西南学院等日本知名院校，大多属于新教派系。

而建筑家安托宁·雷蒙德则以设计天主教大学为主，作品有圣心女子大学、南山大学、上智大学等。

二人均来自美国，且在日本打造了众多建筑作品，但沃利斯与雷蒙德的人生轨迹截然不同。

雷蒙德出生于奥匈帝国（现在的捷克），后移民美国。成为建筑家后，他作为弗兰克·劳埃德·赖特的助手来到日本。但随后他离开赖特自立门户，在日本发展建筑事业，但在太平洋战争爆发期间回到美国。战争结束后，他返回日本继续自己的事业，晚年又回到美国，最终在美国辞世。雷蒙德一生远离故土在外漂泊，过着波希米亚式的生活。

相反，沃利斯到访日本后，便在日本扎下了根。太平洋战争期间，他以日文名"一柳米来留"入籍日本。"米来留"是"梅瑞尔"对应的日文汉字，但另一层含义是"来自美国，留在日本"。在沃利斯看来，在日本展开事业既是神交付给他的任务，也是使命，因此他无论如何也不会离开日本。

对于建筑家而言，前往某地只是为了建筑项目。工作结束后，就会离开去下一个地方。这就是建筑家普遍的工作性质。但是，沃利斯却将建筑设计视为命运，向我们展现了建筑家也会留驻在一个地方不肯离去的人生轨迹。

本次的巡礼地是日本基督教团大阪教堂（1922年竣工），但其实我对它的设计者——建筑家沃利斯本人更感兴趣。建筑史中对沃利斯的深入探讨比较少，这应该是因为他没有接受过正统的建筑教育。所以，文科出身的笔者（宫泽）对沃利斯有一种亲近感。

感觉人不错。

— 亲近感

为了宣讲基督教，沃利斯于1905年在近江八幡的商业高中担任英语教师，但是，当地居民反映"他对学生的影响过大"，因此两年后，沃利斯的教学生涯画上了句号。即便如此，他也并没有离开日本，而是踏入了从学生时代起就憧憬不已的建筑设计领域。沃利斯一生打造的作品超过1500件。按照50年的建筑生涯来计算，相当于每年完成30件。虽说住宅作品占多数，但总量还是相当惊人的。

1000

500

辰野金吾　雷蒙德　沃利斯

近江八幡保留着众多沃利斯战前的建筑作品，大多是直接引用某座西方样式建筑，但其中也不乏独创性作品，如旧八幡邮局（1921年）。

安德鲁斯纪念馆
1907年

沃利斯纪念医院旧本馆
1918年

海德纪念馆
1931年

混合了和风、西洋风和民族风，类似建筑家伊东忠太的风格。

凸显出沃利斯在立面结构设计方面的才能。

位于沃利斯纪念医院内的五叶馆（1918年）的设计也很有意思。那里是结核病患者的疗养院，环绕大厅的5个诊疗室呈放射状向外延伸（目前闲置中）。

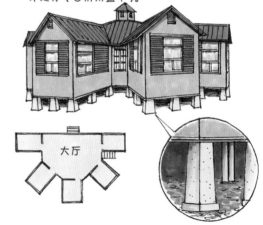

大厅

而且，建筑是轻巧地架设在混凝土造的梯形基座上的，（可能是为了应对湿气？）真是堪比吉阪隆正、菊竹清训的前卫设计。

我们进入正题吧。大阪教堂的外观是砖砌罗马风，由此可见沃利斯作品中的禁欲色彩。

地面是倾斜的。

长椅是弓形的。

但走近一看，砖墙的垒砌方法其实非常多样，真有趣。

相比外观，教堂内部更有看头。虽然平面形状是普通的长方形，但是向祭坛延伸微微下沉的地面，搭配弓形长椅的设计，令人情绪高涨。另外，上方架设的桁架梁中央焊接着金属十字架，真厉害！→

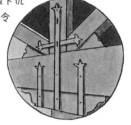

通向教堂上层的楼梯转角处还设有供儿童使用的小房间……

啊。

这样的话，小朋友也喜欢来教堂做礼拜啦。

这才是人本设计啊。仔细想想，如今大众在评论现代日本建筑家时，确实少了"人文关怀"这一项啊。

虽然从入籍日本这一点可以看出沃利斯对日本的深厚感情，但奇怪的是，他没有与日本建筑界保持密切往来。个中缘由，从沃利斯的书法签名中就能找到答案。据说，签名左下角圆圈的寓意是

近江八幡是世界的中心

这句话能否理解成"打造出自己心目中的建筑，就等于站在建筑界的中心"呢？这样看来，在沃利斯去世50年后，对他予以重新评价的呼声高涨，也说明建筑界本身正在发生改变吧。

大正十二年

1923

三次元的浮世绘

弗兰克·劳埃德·赖特

爱知县

帝国酒店

地址：爱知县犬山市字内山 1 博物馆明治村内
交通：名铁犬山站下车，乘巴士约 20 分钟
称号：登录物质文化遗产

明治村是为了向后代展示明治时代建筑而设立的室外博物馆。馆区位于爱知县犬山市的入鹿池畔，占地100公顷，60多座建筑拆迁至此并公开展出。最后一个展区内矗立着帝国酒店的中央玄关。

帝国酒店于1890年在东京的日比谷开业。1910年以后，造访日本的外国人增多，为此帝国酒店新馆开始筹划建设。设计工作委托给了美国建筑家弗兰克·劳埃德·赖特。这个项目原本计划由赖特与安托宁·雷蒙德的助手合作完成，但出于工程费上涨等原因他被中途解雇。后来由学生远藤新等人接任，于1923年竣工。开业仪式当天遭遇关东大地震，但建筑经受住了考验，并由此留下一段佳话。

虽然帝国酒店是东京酒店业的门面，但进入20世纪60年代后，出于进一步增加客房数量的要求与构造导致建筑物不同程度的下沉等原因，帝国酒店面临拆除重建的危机。

但是，这意味着失去赖特的名作，因此出现了许多反对的声音。日本首次真正意义上的建筑保护运动由此展开。这个消息也传到了美国，当时的日本首相佐藤荣作访美期间，当地记者也就此事提问。看来，这已经不是一家民间酒店何去何从的问题了。

虽然最终进行了重建，但是玄关部分被移至于1965年开馆的明治村。当然，它还是属于大正时代的建筑，并非明治时代。

现代的空间构成

隔着池塘从正面来看，建筑物是完全左右对称的。位于东京的日比谷旧址，建筑背面与一栋餐厅及会馆云集的别馆相连，两侧是并排延伸的客房栋。在1893年的芝加哥世博会上，赖特一直驻足欣赏仿照平等院凤凰堂建造的日本馆，据说帝国酒店的建筑布局就受到了它的影响。

绕过池塘向车廊走去，大谷石、条纹面砖和赤陶组合而成的独特装饰非常引人注目。

进入玄关就来到了设有三层室内中庭的大堂。和外部一样，建筑内部也被装饰填满。特别的看点是位于中央、安装有照明的立柱。从缝隙漏下的日光消除了空间的沉重感。据说，赖特设计的建筑装饰的灵感源自哥特、装饰艺术、玛雅遗址等。日本赖特研究第一人谷川正己推测他也受到了日光东照宫的影响。（王国社刊《弗兰克·劳埃德·赖特是何许人》）

A 从正面望过去 | B 社交室一侧的外壁 | C 车廊侧面的大谷石墙壁，局部镶嵌着赤陶 | D 望向大堂深处，那里最初与餐厅相连 | E 大堂通往社交室的小巧楼梯。同一房间里的宾客并不是被墙壁隔开的，而是通过地板的高度差，被不经意分隔开来的 | F 位于两侧的社交室 | G 支撑大堂室内中庭空间的立柱中安装有照明设施，光线从赤陶的缝隙中透出来 | 博物馆明治村参观指南（2018年3月至今）| 馆区门票：成人1700日元；开馆时间：9：30—17：00（3月至7月、9月、10月）

灵感来源众说纷纭的装饰，确实是这座建筑最大的魅力。接下来，我们来看看其他方面。

首先来谈谈空间设计。大堂两侧设有楼梯，6级台阶之上是社交室，再向上走7级台阶，便是茶座露台。最后楼梯通向非对外公开的三层画廊。这些空间并非独立存在，而是透过地面之间些许的高度差，在没有隔断墙的情况下相互贯通。如此精妙的空间构成是没有先例的，赖特也因此被誉为现代派建筑巨匠。

异常简约的天井设计

另一处引起我注意的地方是天井。与装饰复杂的立柱和墙壁相比，天井的设计异常简约。一定有人认为是拆迁时省略了天井装饰吧。但是，翻出内景旧照就会发现这就是原本的设计。在装饰上费尽心思的赖特，为什么会设计一个光秃秃的天井呢？

据推测，原因之一是天井的高度。除去室内中庭的空间，天井的位置其实非常低。如果拜访因住宅设计而备受赞誉的宫胁檀或他的老师吉村顺三的作品，就会发现天花板的高度

被降到了最低，即适合人们居住的高度。这一点着实令人佩服，但追根溯源的话，就会借由雷蒙德，发现赖特才是这一手法的鼻祖。可以说，日本住宅空间的谱系是从帝国酒店开始的。为了让低矮的天井不显沉闷，索性摒弃了天井装饰。

另有说法是，这与赖特钟爱浮世绘并且是著名浮世绘收藏家有关。

在浮世绘中，无论是人物画还是风景画，多数情况下背景都作为抽象的平面被简单化，借以突出前景。赖特仅仅将作为背景的天井涂白，以突出立柱和墙壁上的装饰。这一手法是不是从日本的浮世绘中汲取的灵感呢？

众所周知，凡·高、塞尚、洛特雷克等西方画家都受到浮世绘的极大影响，赖特也是其中之一。帝国酒店便是建筑家赖特创作的三次元浮世绘吧。

我们来了，明治村！
目的地是帝国酒店的中央玄关。

只是一个玄关？
可不要小看这座玄关。仅是看
到入口处的车廊，你应该就想收
回刚才的话了。

↓ 内部保存着大堂和环绕其四周的几个空间。

大堂是三层室内中庭结构，上层
地板向外伸出，整体空间丰富生
动。从赤陶缝隙中漏下的光线营
造出神秘的氛围。
接下来是各位十分期待的（？）

赖特的细节
设计展示！

天窗。其实没必要设
计得这么复杂……

开口部的装饰（镶
嵌着金箔的玻璃）

镂空的赤陶1

照明。
影子很美！

大谷石雕刻2

大谷石雕刻1

镂空的赤陶2

仅是保存在明治村内的中央玄关就已经颇为壮观了，但这其实只是原始酒店建筑的一小部分。

根据中央玄关的设计密度完成如此庞大的建筑群？不可能吧！工程费是最初预算的3倍，工期也从1年半延长至5年，"如坐针毡"的赖特等不到竣工就回美国去了——留下这样的逸闻趣事也是可以理解的。

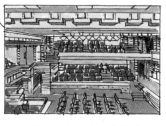

原始位置

看到拆迁前的照片感到十分遗憾，这样的巨作竟然没有被完整保存下来。

如果建筑被完整保存下来，或许能纳入世界遗产名录呢。但是，碍于东京的地价，也许会被改建成这个样子吧……

欸？内部还有一座剧场？
能容纳669名观众的大剧场。

南北走向的步道↑
灯罩的造型太酷了！

好想参观中庭啊……

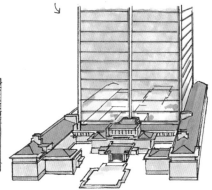

大正十三年

1924

对无法妥协的细节有什么想法？

旧山邑邸（现淀钢迎宾馆）

称号：重要文化遗产

地址：兵库县芦屋市山手町 3-10

交通：阪急·芦屋川站下车，步行 10 分钟，或 JR 芦屋站下车，步行 15 分钟

兵库县

弗兰克·劳埃德·赖特

不仅有复杂的细节，还有复杂的断面构造。如果赖特身处追求细节设计的时代，一定会打造出一座惊人的建筑

如今"无障碍式"已经成为社会的共识，如果在杂志上发表这样的住宅，或许会因"建筑家的傲慢"而受到谴责。
弗兰克·劳埃德·赖特设计的旧山邑邸
（1924年，现淀钢迎宾馆）

从芦屋川望过去的景象

不知道是不是赖特的意图，整座建筑物被绿意覆盖，几乎消失在视线中。应该没有人能想象出建筑的全貌吧。

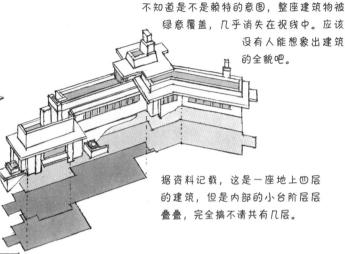

据资料记载，这是一座地上四层的建筑，但是内部的小台阶层层叠叠，完全搞不清共有几层。

但是，这些复杂的高度差才是这座建筑最大的魅力吧。

这样的铜板装饰，还有这些能开闭的小窗↓，看来完全没有考虑日常维护呢。

据说这些精致的细节处会漏雨。我想也是……

金属装饰的影子落在小阶梯上，更加令人眼花缭乱。

但是，这些地方让我们重新体会到当今建筑家从一开始就被认定为 NG 设计的趣味性。
想要突破自我的建筑家一定要先做出反面教材或闯入未开拓的领域？这就要看你们自己了！

大正十三年
顺路拜访

1924

类似样式的反样式

旧下关电信局电话课（现田中绢代文化馆）

称号：下关市物质文化遗产

交通：JR下关站下车，乘巴士7分钟，在唐户站下车，步行5分钟

地址：山口县下关市田中町5-7

山口县

递信省

虽然列柱的设计像是在炫耀一般，但是立柱上方却没有加入任何装饰，主打『对样式的否定』，难道是走在了『后现代派』的前面？

这座建筑称得上"建筑保存运动的范本"，历经波澜，保存至今。

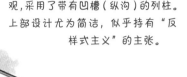

基本保存了近百年前落成之初的外观，采用了带有凹槽（纵沟）的列柱。上部设计尤为简洁，似乎持有"反样式主义"的主张。

大正十三年（1924年）下关电信局 → 昭和四十四年（1969年）下关市福祉中心 → 昭和五十三年（1988年）下关市厅舍第一别馆 → 平成五年（1993年）决定拆除 → 平成十一年（1999年）反对拆除的呼声高涨 → 平成二十二年（2010年）决定整体保存 田中绢代文化馆

这座建筑是递信省营缮课的作品，也有说法称它出自京都塔、日本武道馆的设计者山田守（1894—1966）之手，但似乎找不到确凿证据。确实，细

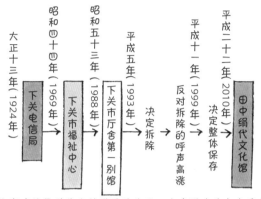

小尖锐的顶端，即"抛物线拱结构"与山田的成名作东京中央电信局（1925年，现已不存）有相似之处。另外，列柱的设计也与岩元禄的作品青山电话局（1922年）有几分神似。因此可以确定，这座建筑的主导者是递信省的青年建筑家们。

用厚12毫米的钢板，在墙壁四周内侧进行了加固。因此，空间的原始设计被保存了下来。原来如此。

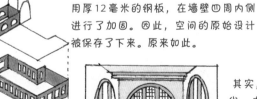

这座建筑实施了抗震加固改造，但是找不到作业痕迹，这是因为——

也许你会问"这里和女演员田中绢代有什么关系"。

其实，在那个年代，电话接线员是女性梦寐以求的职业。这与处在同一时代的职业女性田中绢代的形象非常契合。原来如此。

大正十四年

順路拜访

1925

长寿村的长寿混凝土建筑

大宜味村办事处

称号：重要文化遗产

交通：乘巴士在大宜味村办事处前站下车，步行 5 分钟。

地址：冲绳县大宜味村字大兼久 157-2

它被认为是冲绳现存最古老的钢筋混凝土造建筑。中央的八角形区域，空间设计十分有趣，从中能够感受到设计者的心境。

递信省

冲绳县

如今的冲绳建筑以钢筋混凝土造（RC结构）为主。其实，冲绳的RC结构建筑始于清村勉（1894年出生，熊本县人）于1925年（大正十四年）设计的大宜味村办事处。

大宜味村

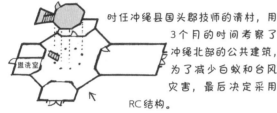

盥洗室

时任冲绳县国头郡技师的清村，用3个月的时间考察了冲绳北部的公共建筑，为了减少白蚁和台风灾害，最后决定采用RC结构。

位于中央的八角形平面，据说也是为了减轻台风的影响。当然，这也是建筑家所追求的空间趣味性。

很用心啊……

哇，大海！

施工方是当地的金城组。大宜味地区耕地少，因此许多当地人选择在外做木工，因为技术高超而广受好评，得到了"大宜味木匠"的称号。

这是利用现有技术也很难完成的复杂形状，且距离大海很近。即便如此，认真施工的话，也可以保存90年啊。

大宜味村是远近闻名的"长寿村"。看来当地人有像赡养老人一样，"赡养"当地的建筑啊。了解过后，再来看厅舍的平面图，是不是酷似象征长寿的乌龟呢？

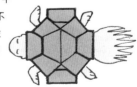

昭和期

1926—1942

诞生于这一时代的日本建筑可以说是"保质保量"的。

在大城市的主要街道上，办公大楼与百货商店鳞次栉比，

风景名胜为了吸引海外观光客，纷纷推进度假区的建设。

在建筑风格方面，否定历史主义的表现主义、装饰艺术等全新建筑风

格不断涌现，压轴的现代派也终于登场。

另外，建筑家也展开了对日本独有样式的摸索。

这是一个在短时间内各类建筑风格层出不穷的辉煌时代。

但是，这样的光景只是昙花一现。战争爆发后，在战时统治之下，采

购建筑材料变得困难重重，建筑家挑战全新建筑风格的想法也受到了

阻碍。

昭和二年

1927

怪兽们的巢穴

伊东忠太

一桥大学兼松讲堂

地址：东京都国立市中 2-1

交通：JR 国立站下车，步行 10 分钟

指定：登录物质文化遗产

东京都

设立于明治十九年（1886年）的造家学会，在明治三十年更名为建筑学会。名称变更的倡议者是建筑史学家伊东忠太。翌年，东京帝国大学的造家专业（现在的东京大学工学系建筑专业）也更名为建筑专业。在那之后，"architecture"的译词被正式确定为"建筑"，这背后的推动者同样是伊东忠太。

伊东是日本首位建筑史学家。他在东京帝国大学师从辰野金吾学习建筑，读研究生时展开了对正统日本建筑史的研究，博士学位论文为《法隆寺建筑论》。后来，为了证实法隆寺内中间鼓起、两端逐渐变细的立柱是从遥远的希腊传入日本的这一假说，伊东开启了穿越亚欧大陆的调查之旅。但是，他并没有找到实证，却在无意间发现了中国的云冈石窟（5世纪的石窟寺院）。

另外，伊东还是一位建筑家。除了平安神宫（1895年）、明治神宫（1920年）等神社建筑作品，他还打造了日本第一座私立博物馆大仓集古馆（1927年）、稀有的印度风格寺院筑地本愿寺（1934年）等众多建筑作品。

众所周知，伊东的风格特点是在建筑中融入神秘的动物形象。在震灾纪念堂（1930年，现东京都慰灵堂）、汤岛圣堂（1935年）、筑地本愿寺等作品中，都能发现神秘动物的踪迹。其中，动物形象的数量和种类最多的作品，就是本次的巡礼地——一桥大学（旧名东京商科大学）的兼松讲堂。

来路不明的怪兽

让我们走近这座建筑。正面的山形立面之上，三个连续的巨型半圆拱上下重叠，其中设有窗户和玄关。墙壁上的圆雕饰（圆形的装饰浮雕）中，已经出现了神秘动物的踪影。玄关周围的柱头装饰中也隐藏着几张动物的脸。

进入内部，礼堂的舞台口（舞台的框缘）也呈精美的半圆形。半圆拱是罗马样式的特征之一，朴素明快的空间印象很大程度上来源于此。这里到处都能发现造型古怪的动物。拱的下方、台阶扶手处、照明设施上等，可以说能加入装饰的地方都有动物形象。

动物装饰也是罗马样式的特征之一。例如，位于东京神田的丸石大厦（山下寿郎建筑事务所设计，1931年）也是罗马样式建筑，装饰着许多动物形象。但是，那里装饰的都是真实存在的动物形象，如狮子、猫头鹰、羊，

A 架设着交叉拱顶的玄关门廊 | B 正面玄关处支撑着拱的柱头装饰。这是某种海兽吗？ | C 二层大堂内支撑着拱的怪兽 | D 位于二层的剧场休息室 | E 舞台口（框缘）也是半圆拱 | F 支撑舞台口的柱头上的十二生肖雕刻 | G 剧场内部的侧面装饰着蝙蝠？ | H 地下空间的台阶扶手出自狛犬之口

而兼松讲堂的动物装饰都是幻想中的动物，如龙、狛犬[1]、凤凰等。

不仅如此，还有叫不出名字和由来的外形奇特的动物，数量和种类难以估量。设计者的意图究竟是什么呢？

从片段中浮现出的宏大故事

穿梭在庞杂的动物形象之中，我想到了仙魔大战贴纸。

那是乐天巧克力点心的赠品，贴纸正面画着恶魔、天使等几个原创角色。20世纪80年代后半期，这种贴纸在孩子们中间掀起了爆炸性的热潮。

评论家大冢英志认为，虽然附带赠品的食品热潮此前出现过，如20世纪70年代前半期的假面骑士零食，但是，它们与仙魔大战巧克力点心有着本质上的区别。和假面骑士零食不同，仙魔大战巧克力并不是漫画或动画片原作的衍生品。

既然如此，孩子们为什么会对仙魔大战如此着迷呢？

仙魔大战贴纸的背面写有简短的故事情节。仅看单张贴纸上的内容会令人感到疑惑，只有收集更多贴纸，恶魔和天使交战的宏大故事，即贴纸背后的设定才变得清晰起来。

"为了收集'宏大物语'全篇而不断购买被拆分的情节碎片——贴纸。因此，点心制造商向孩子们出售的既不是巧克力也不是贴纸，而是'宏大物语'。"（大冢英志《物语消费论》）

伊东忠太是首位在建筑中引入仙魔大战娱乐模式的建筑家吧。

他利用建筑史知识提出的构想，是将希腊的帕特农神庙与日本的法隆寺，即时代与地理位置毫无关联的建筑组合在一起，创造出一个宏大的建筑物语。

另外，在建筑的设计上，发现单个动物形象会让人一头雾水，但是想象它们之间的关联就能发现隐藏在背后的故事，这也是事先设定好的吧。

看来要想解读物语，需要拥有与伊东忠太不相上下的想象力呢。

1　狛犬即石狮子，经由中国传到日本后，被称为"狛犬"。

谈到镶嵌大量动物雕刻的建筑，首先浮现在脑海中的会是名护市厅舍（1981年）吧。南侧立面共有56座狮子像。

一桥大学兼松讲堂（1927年）内动物形象的数量远超名护市厅舍，足有100多件。虽说如此，但远远望过去，动物形象其实并不醒目。

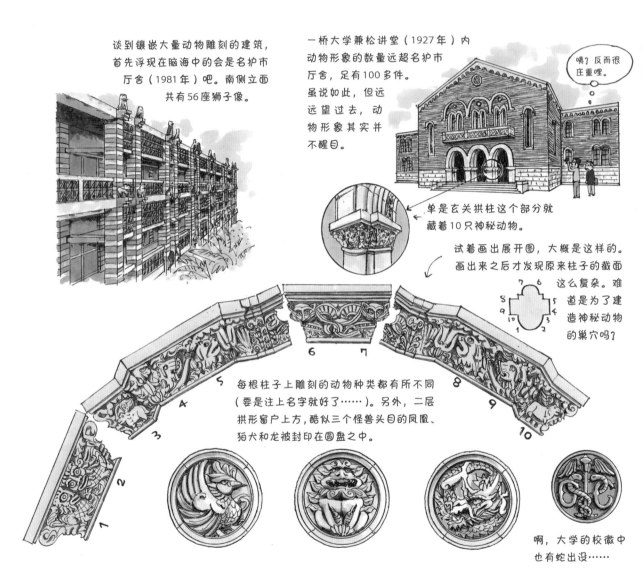

咦？反而很庄重哩。

单是玄关拱柱这个部分就藏着10只神秘动物。

试着画出展开图，大概是这样的。画出来之后才发现原来柱子的截面这么复杂。难道是为了建造神秘动物的巢穴吗？

每根柱子上雕刻的动物种类都有所不同（要是注上名字就好了……）。另外，二层拱形窗户上方，酷似三个怪兽头目的凤凰、狛犬和龙被封印在圆盘之中。

啊，大学的校徽中也有蛇出没……

我们二人似乎一下子陷入了寻找怪兽的乐趣中，不过在此之前，还是先来品味一下大小不一且连续的拱中蕴藏着的罗马风格的美感吧。

一层走廊

剧场内部

在美感中寻找怪兽吧！这和看完电影的正片，再看一遍"导演评论版"一样有趣。

拱脚处一定会出现的双兽组合。

蝙蝠？喷火的哥斯拉？

舞台的拱上面，纠缠在一起的十二支

一侧的O型是"啊"，
另一侧的O型是"嗯"。

剧场的梁
照明设施上 →

虎
牛

如此"天马行空"的建筑家，竟然在学院派中非常有影响力。

伊东忠太

1867—1954

在学习西洋建筑的过程中开创了日本建筑史，也为"造家学会"更名"建筑学会"一事做出了贡献。

1934

1930

筑地本愿寺、震灾纪念堂等伊东的作品中潜伏着许多神秘动物。这样的建筑没有被划入学院派的"旁门左道"，正是因为"建筑应为人们带去欢乐"这种认知，在当时被认为是理所当然的吧。

一边这样思考着，一边望向东西立面的拱形窗装饰，愕然发现了神秘的蛋。伊东赋予卵形的寓意或许是"总有一天，这里会出现更多神秘动物，让人们大吃一惊"。

1928

现代住宅与和服美人

藤井厚二

听竹居

京都府

地址：京都府大山崎町

交通：JR 山崎站下车后步行即可到达

称号：重要文化遗产

在京都与大阪之间的大山崎，位于定天下之战的舞台天王山的山麓。沿着林中坡道上行，踏上石阶，本次的巡礼地就出现在了眼前——建筑家藤井厚二作为家宅设计的实验住宅听竹居。

穿过玄关，便进入了一个开阔的空间。这里在图纸上被标记为起居室。对面则设置了各式各样的房间。

首先映入眼帘的是外观呈四分之一圆形，位于隔间内的餐厅。这里的地板高出一截。在其对角线上，书房也被用同样的手法"嵌入"起居室一侧。

在另一侧的对角线上，是与起居室一体的铺有榻榻米的加座和客厅。位于中央的起居室作为媒介，与各式房间贯通相连，平面设计非常巧妙。

另外，起居室南侧被命名为"外廊"的房间，在东西方向上延伸。这个房间因采用现在的幕墙结构，实现了大面积玻璃平面的构想。竣工之初应该可以从窗口远眺桂川、宇治川、木津川三川合流的壮丽景色，而如今，只能透过庭院树木的缝隙观赏了。

玻璃的转角处也在细节上下了功夫，将木窗棂隐藏起来，使玻璃看上去像是以直角对接。从这些细节也能看出藤井对设计的执着。

绿色科技的实验

设计者藤井厚二从东京帝国大学建筑专业毕业后，以帝大毕业生的身份进入竹中工务店。完成大阪朝日新闻社（1916年，现已不存）等项目的设计工作后，藤井受邀在京都大学建筑专业任教，最初开设的讲座便与建筑设备有关。

藤井厚二对绿色科技的关注，在听竹居的各个方面都有所体现。例如，通过天井的排气口为室内换气、利用冷却管导入冷空气等，而不是只采取被动的环境控制手法。除此之外，藤井还尝试用电供应住宅内使用的所有能源，并配备了当时最先进的机器，如电炉、电热水器、电冰箱等。

藤井将这样的实验住宅当作家邸，不断翻修重建。听竹居是其中第五个项目，是此前所建实验住宅的集大成之作。

设计者将构想付诸实践，再亲自体验并确认效果——这样的过程不断被重复。有一类建筑家，他们构想中的建筑往往过于宏大

A 从室外望向外廊的转角处 | B 在外廊隔着庭院，可以将桂川、宇治川、木津川的风景尽收眼底。外廊被用作阳光房 | C 视野通透的外廊转角处 | D 外廊的天井设有排气口 | E 起居室内设有三张榻榻米大小的加座。下方的推拉门是冷却管的送气口 | F "嵌入"起居室内的餐厅，地板也高出一截 | G 从餐厅带有装饰艺术风格的开口处望向起居室 | H 设有壁龛的客厅。家具也出自藤井之手。椅子的设计方便穿着和服的人使用

而无法实现，在这一点上，藤井可以说与他们截然相反。

和风与洋风的协调相容

在环保层面上下功夫固然很重要，但藤井利用听竹居所做的实验却不止于此。如何使和风与洋风协调相容也是一大课题。

例如，调整榻榻米地台与放置椅子的地板之间的高度差，使落座的人们视线平齐，或在铺有地板的洋式房间内搭配推拉门，等等。

设计最为新颖的空间是混搭了壁龛与固定式沙发椅的客厅。内部摆放的扶手椅也是藤井的作品，椅背的位置被设计得很高。据说，这样身着和服的人坐下时，腰带的太鼓结不会碰到椅背。虽然是先进的现代住宅，但使用者被假设为穿着和服这一点很有意思。

明治之后，在兴建西洋建筑的同时，洋装也传入了日本。但是，和服并没有迅速走向没落。

根据小野和子编著的《昭和和服》一书，即便是大正末期的调查，漫步在大阪心斋桥的女性中，也仅有1%的人穿着洋装。日常着装是和服，外出着装也是用技术革新生产出的新布料制成的和服，当时的人们享受着时尚带来的乐趣。据说，不仅有采用传统纹样的和服，也有融入了装饰艺术等最新设计的款式。从大正时代到昭和初期，和服样式层出不穷，从某种意义上来讲，这一时期正是和服文化的巅峰时期。

以使用者身着和服为前提设计住宅，从时代背景来看是很自然的事情。但是，既然设计者是非常关注新兴技术的藤井，那么和服与现代空间的结合或许是有意为之的。

这令我联想到不久前经常播放的液晶电视广告，身着和服的吉永小百合伫立在由路易斯·巴拉干、未来系统（Future Systems）、坂茂等建筑家或建筑工作室设计的名作住宅之中。现代风格的空间搭配身着和服的女性真是非常美妙，或许这一美学的发现者就是藤井。

吉永小百合身处这个空间的话，确实会非常和谐。我们这样遐想着，走出了听竹居。

"巧妙运用科学手段的被动式住宅的先驱之作"——
听竹居通常会被这样介绍。

确实，时至今日，似乎能照常
使用的被动式细节随处可见。

截面图上到处是箭头
（代表空气的流向）。

外廊的天井排气口设
有水平方向的推拉门。

山墙面屋顶下方的通风窗。

推拉门　　推拉门

格窗的推拉门

冷却管

厨房内的通风筒。
将地板下方的冷
气送向天花板。

但实际上，听竹居似乎与"节能住宅
的先驱"这一评价有所出入。这座住宅是
当时最先进的"电气化住宅"，供暖、供给
热水，甚至烹饪基本上都用电。虽说如此，但
在没有热泵和保
持电流的年代，只能
依靠电热器。

斜坡上的空气进气口。

送气口。那个年代竟
然就有冷却管了！

地板下方的
11个换气口，
也是外观的
亮点。

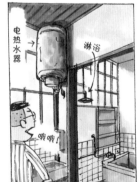

电热水器

淋浴

哦哦

这是配电箱。

哦哦哦！

向导松隈章先生

因此，虽说是电气化住宅，但它与当代住宅并没
有可比性，倒不如说是一座"电能浪费型住宅"。
无法节省家庭开销不说，电费支出也非常可观。
在没有空调的时代，想要度过一个清凉的夏天，
看来解决方法很"被动"。

空气循环构造的精妙程度自然不必多说，但看到实物时，我却被轮廓分明的内装设计深深吸引了。

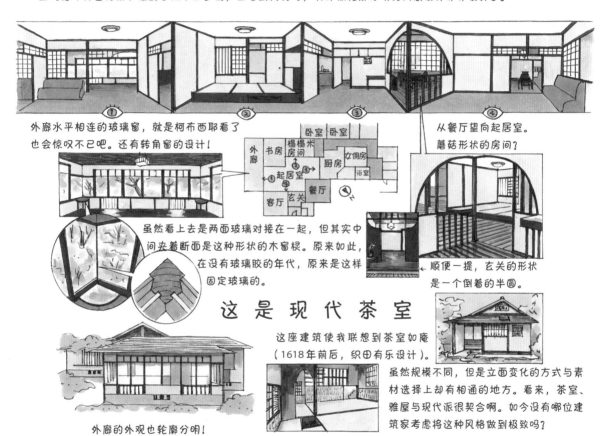

外廊水平相连的玻璃窗，就是柯布西耶看了
也会惊叹不已吧。还有转角窗的设计！

从餐厅望向起居室。
蘑菇形状的房间？

虽然看上去是两面玻璃对接在一起，但其实中
间夹着断面是这种形状的木窗棂。原来如此，
在没有玻璃胶的年代，原来是这样
固定玻璃的。

顺便一提，玄关的形状
是一个倒着的半圆。

这是现代茶室

这座建筑使我联想到茶室如庵
（1618年前后，织田有乐设计）。

虽然规模不同，但是立面变化的方式与素
材选择上却有相通的地方。看来，茶室、
雅屋与现代派很契合啊。如今没有哪位建
筑家考虑将这种风格做到极致吗？

外廊的外观也轮廓分明！

昭和三年

顺路拜访

1928

意大利大使馆别墅

沉醉于雷蒙德的细腻

称号：登录物质文化遗产

交通：JR东武日光站下车，乘巴士50分钟，在中禅寺温泉站下车。换乘巴士，在立木观音前站下车，步行12分钟

地址：栃木县日光市中宫祠2482

安托宁·雷蒙德

栃木县

建筑内外大面积使用的特殊材料是用竹片包裹杉树皮和杉木板制成的。轮廓分明的天井是点睛之笔。没想到总板着脸的雷蒙德，风格如此细腻！

建筑家安托宁·雷蒙德（1888—1976）在世界建筑史中的地位如何？虽然不知道准确排名，但应该没有进入"世界二十大现代派建筑家"之列吧。不过总觉得丹下健三一定位列其中。

雷蒙德国际声誉不高的原因可能是——
① 因为不是日本人，很难与"和"联系到一起。
② 太平洋战争期间与日本关系微妙。
③ 好像很严肃的样子……

呼吁重新评价雷蒙德！

看到这座建筑时，为雷蒙德声援的想法更强烈了。

意大利大使馆别墅（1928年）静静伫立在日光市中禅寺湖畔。谈到雷蒙德，富于量感的造型是其作品独有的魅力，但这座建筑的造型却并不出彩。

其厉害之处在于，雷蒙德将当地的日光杉木加工成薄木片，制成了各式纹样。外观上，杉木制成的市松纹样与玻璃格窗形成了强烈对比。

室内装饰也很考究！雷蒙德利用日本的斜纹编织手法打造出了独特的装饰。

▲ 起居室的天井是点睛之笔。

▲ 卧室风格质朴而迷人，哪位设计师来复刻这处设计吧！

昭和五年

1930

具有象征性的环保装置

远藤新

甲子园酒店 （现武库川女子大学甲子园会馆）

兵库县

地址： 兵库县西宫市户崎町 1-13

交通： JR 甲子园口站下车，步行 10 分钟

称号： 登录物质文化遗产

武库川发源于六甲山，从兵库县的西宫市与尼崎市之间流过，后汇入大海。于1930年开业的甲子园酒店便伫立在面朝河水的风光旖旎之地。

这里被命名为"甲子园"是因为阪神老虎职业棒球队的大本营甲子园球场，按照天干地支的说法，它是在名为"甲子"的吉利之年落成的。建设方阪神电铁还在球场周边配备了游乐场、动物园、水族馆、网球场、游泳池等设施，一座大型休闲度假区就此落成。度假酒店也是其中的一环，因此这座建筑应运而生。

开业后，入住酒店的客人络绎不绝，还有许多来自海外的宾客。但这样的光景没有持续多久。在日本战争期间的社会形势下，这里先是成为部队用酒店，后来被海军省征用作医院，战后又被用作进驻军将校的宿舍和俱乐部。

征用于1957年结束，之后甲子园酒店交由大藏省管理，并闲置了一段时间，最终于1965年作为国有土地出让，由武藏川学院出资买下。如今，酒店用地成为武库川女子大学的上甲子园校区，建筑用作建筑系和开放大学的教室。另外，酒店用地内还设有宽敞明亮的

建筑工作室（2007年竣工，日建设计打造）。在这里攻读建筑专业的学生，享有日本得天独厚的资源。

凝固的造型

建筑的设计者是远藤新。作为弗兰克·劳埃德·赖特的首席助手，远藤协助设计了赖特的代表作帝国酒店（1923年）及山邑邸（1924年，现淀钢迎宾馆）、自由学园明日馆（1921年）等建筑作品。赖特回国后，远藤自立门户，打造了众多住宅建筑及自由学园内的多座校舍。甲子园酒店是其41岁时完成的作品。

工程建设的主导者是林爱作。他曾是帝国酒店的项目负责人，因赖特馆施工延期和工程费上涨等问题引咎辞职。后来林爱作计划在关西打造一座理想中的酒店，他给予厚望的东山再起之作便是这座甲子园酒店。他将设计工作委托给为自己惹来麻烦的建筑家的弟子，由此看来，他是真的非常赏识远藤新的才能吧。

建筑的设计是最出彩的部分。远藤巧妙运用了镶边瓷砖、赤陶等富于质感的材料，上面还点缀着细致的几何装饰，没有一处留白。

A 北侧的正面玄关 | B 南面露台向外延伸。前面是一座开阔的庭院 | C 涂了绿色釉料的屋面瓦与万宝槌造型的脊饰 | D 宴会厅外侧的日华石浮雕 | E 宴会厅的木质装饰 | F 位于二层的贵宾室 | G 位于西翼的宴会厅 | H 用作大学教室的东侧大厅（这里曾是一家西餐厅）

其中的确能看到赖特对远藤新的影响，但他的才能远不止于此，甚至可以说是青出于蓝而胜于蓝。

例如，外观的量感构成。建筑左右对称，中央部的高度被降低，两侧分段设有客房区。上方高耸的尖塔则是一个绝妙的亮点。

水平延伸的房檐作为主题元素环绕整座建筑，甚至连塔的外侧也与缩小版的房檐相连。"形状真像引擎或电子设备的散热扇呢"，一边这样想着，一边细细观赏，才恍然意识到其实塔才是甲子园酒店建筑意义的最佳象征吧。这就是塔被赋予的意义。

绿色科技与建筑设计相结合

甲子园酒店的厨房位于西餐厅与宴会厅之间的中央部半地下空间，充足的自然光线从南侧进入室内，现在这个明亮的空间是学生的工作室。

厨房两侧的纵向通道，集烹饪、锅炉排烟、暖炉排气通风等功能于一身。

两座塔是位于室外的通道口。也就是说，塔是外观设计与环境调节设备相结合的产物。

远藤对绿色科技的重视在以往的作品中也有所体现。例如，比甲子园酒店早两年，于1928年落成的加地别邸（神奈川县叶山市），每个房间都安装了暖炉，屋顶的脊饰、台球室的吊顶兼作换气口，利用墙壁中央、天井内侧空间，使建筑内部空气流动起来的装置随处可见。

回溯历史，远藤的老师赖特才是以绿色科技为设计主题的建筑先驱。建筑评论家雷奈·班哈姆在追溯环保建筑历史的著作《作为环境的建筑》中，举出的第一件作品便是赖特设计的纽约拉金公司办公楼（1906年竣工，现已不存）。他认为，无论参照何种标准，赖特都应被视为绿色建筑设计的先驱。

这座建筑本身是一个环保装置，它既能使空气流动，也能控制热能，这与当下可持续建筑的设计理念不谋而合。最早实践这一理念的是美国建筑家赖特，日本建筑家中当数赖特的爱徒远藤新。从这一层面来讲，也应给予甲子园酒店更高的评价。

战前被称作西帝国酒店的甲子园酒店（现武库川女子大学甲子园会馆），正面外观还留存着昔日的光辉。

设计者远藤新（1889—1951）

老师弗兰克·劳埃德·赖特（1867—1959）

远藤新作为弗兰克·劳埃德·赖特的助手，参与了帝国酒店的设计工作。后来，出于预算超支等原因，赖特回到美国，远藤便正式接任，指挥建设。

昔日……

KOSHIEN HOTEL

甲子园酒店是远藤与帝国酒店的项目负责人林爱作（当时聘请赖特的人）携手打造的，因此，甲子园酒店延续帝国酒店的风格也就不足为奇了。

林爱作（1873—1951）

如今，这座建筑供建筑系的学生使用。据说，每年刚入学的学生都有甲子园酒店的写生课题。

这座建筑非常适合练习画透视图。顺便一提，宫泽一般会这样确定消失点。

消失点1

消失点2

建筑的平面形状是两个并列的"十"字。虽然图纸是这样的，但其实每个房间都借由微妙的台阶落差分隔开来，每层又设有数不清的小台阶。（结构过于复杂，笔者的画功无法将其绘制出来……）

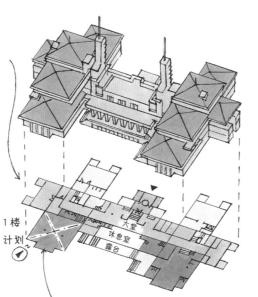

1楼计划

大堂
休息室
露台

像水在石子地上漫延开来，将宾客引导至各个房间的空间结构，正是承袭了赖特的设计手法。

细节处的几何图案也很"赖特"。

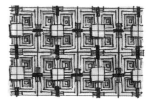

内装外装均有使用的瓷砖。

南侧露台的石砌装饰（日华石）。

可能唯一一处不是赖特风格的设计就是原宴会厅（现西侧大厅）的天井，它是以日本拉窗为设计灵感的全吊顶天井。这处设计并不拘泥于和风，而是注重与整体空间协调相容。

这座建筑可能会被认为是在模仿帝国酒店，确实，两者在空间和细节的水准上难分高下。但相较而言，还是如今仍用作大学校舍的甲子园酒店多了几分活力。

意下如何？

即便如此，设计能力出众的远藤新完全沿袭了老师的设计风格，内心多少会有些矛盾吧。

随处可见的万宝槌元素或许表达了远藤的心声："快看！这才是我的原创设计！"

昭和六年

1931

样式的松花堂便当

渡边建筑事务所（渡边节、村野藤吾）

大阪府

棉业会馆

地址：大阪市中央区备后町 2-5-8

交通：地铁御堂筋线本町站下车，步行 5 分钟

称号：重要文化遗产

作为商业城市大阪的中心，船场地区自江户时代以来就是著名的闹市区。如今，这里纵横交错的街巷中仍保留着众多战前建造的近代建筑。其中可被称为名作的便是棉业会馆了。

棉业会馆于1931年落成，据说工程款是东洋纺绩（现东洋纺）专务董事冈常夫遗赠的100万日元及业界的捐款。由此，我们也可窥见昭和初期纤维产业的繁荣景象。

建筑面向道路，临街而建，也没有设车廊。结构给人一种强烈的城市建筑的印象。

进入玄关，便来到了设有室内中庭的大堂。贴装着石灰华（意大利产大理石）的拱形回廊环绕其中，自然光从高侧窗照射进来，如同身处室外。这种"豁然开朗"的结构非常巧妙。

面对大堂的一层是会员餐厅，三层设有谈话室、会议室、贵宾室等。地下空间设有带吧台的西餐厅，上一楼层有对外出租的事务所、大会场（举办演讲、活动的礼堂）、高尔夫练习场等，汇集多种功能于一身。这样的建筑类型被称作"俱乐部建筑"。

"公""私"兼备的建筑

所谓俱乐部，不用做过多解释，就是英文"club"对应的日文汉字，指有共同兴趣爱好的人集结而成的组织，如社交俱乐部、同窗俱乐部、同行俱乐部、运动俱乐部等。

据说，日本首个俱乐部是诞生于1884年的东京俱乐部，其设立的初衷是在约西亚·肯德尔设计的鹿鸣馆举办舞会。

随着时代变迁，进入昭和时代后，俱乐部逐渐兴盛起来，一座座俱乐部建筑拔地而起。近代建筑史中的名作学士会馆（佐野利器·高桥贞太郎设计，1928年）、交询社（横河民辅设计，1929年）、军人会馆（现九段会馆，川元良一设计，1934年）等，就兴建于这一时期。另外，在郊外也增建了许多配备高尔夫球场的俱乐部建筑，如东京高尔夫俱乐部（安托宁·雷蒙德设计，1932年）等。

在城市还没有配备文化会馆、酒店、体育馆等设施的时代背景下，俱乐部建筑就已经在发挥这些设施的功能了。由此看来，俱乐部建筑是走在时代前沿的建筑类型。

如今，俱乐部建筑的各项功能走向专业化，它与其他建筑类型相融合，作为设计主题的存在感也就被弱化了。

建筑史学家桥爪绅也在《俱乐部与日本

A 从西南侧拍摄的棉业会馆本馆全景 | B 设有室内中庭的玄关大堂。在贴装着石灰华的阶梯前，叠立着原东洋纺绩专务冈常夫的雕像 | C 俯视玄关大堂。意大利文艺复兴风格的两段阶梯相互交叉 | D 面向三休桥地区的玄关 | E 会员餐厅。天井点缀着华丽的装饰 | F 位于二层的谈话室采用詹姆士风格 | G 谈话室墙壁上的陶瓷壁挂装饰

人》（学芸出版社，1989年）一书中，将俱乐部建筑定义为"以社交为目的，公、私混合的独特中间地带"。俱乐部建筑作为社交场所的同时，也像家宅的延伸，是一个可以让人放松身心的场所。现代都市对于这样兼具"公共"与"私人"两种性质的空间仍有需求。

建筑样式的混搭

棉业会馆是大阪民间设计事务所的开拓者——渡边建筑事务所的作品，由渡边节与制图负责人村野藤吾合作完成。

渡边是一位以美国视察经验为基础，热衷于采用新材料和新技术的建筑家。棉业会馆中使用的赤陶和灰泥粉，是渡边把进口材料展示给日本的公司后，在日本国内生产的材料。在设备方面，渡边预见到之后会为建筑配置冷气设备，因此在地下预留了冷冻机的空间，还加宽了通风道。

当然，建筑的亮点不止这些。建筑内外华丽的装饰同样值得一看。它的外观是混合了科洛尼亚样式的现代风格。玄关大堂是意大利的文艺复兴风格，餐厅是美国的壁画装饰风格，谈话室是英国的詹姆士风格，会议室是法国的帝国风格，贵宾室是英国的安妮女王风格，大会场是英国的亚当风格——每个空间都采用了不同的建筑风格。关于这一点，渡边解释道，"希望会员在符合喜好的空间中得到放松"（大阪府建筑士会《建筑家渡边节》）。样式的混搭或许是大阪建筑家服务精神的体现。

这令我联想到松花堂便当。十字分隔的便当盒内，用小型器皿盛放着食物，这一特殊的设计，不仅是为了美观，更是为了防止在路途中，各式料理的味道和香气混在一起。松花堂便当的创始人是汤木贞一，他是船场地区有钱人偏爱的日式餐馆"吉兆"的工作人员。据说，在棉业会馆开馆的同时，松花堂便当也在昭和时代之初被发明了出来。

混合多种样式，如同松花堂便当一般的棉业会馆，已成为大阪城市文化的代表性建筑，笔者今后也想不断感受它的魅力。

位于大阪本町的棉业会馆,如今还焕发着昔日被称作"东方曼彻斯特"的大阪棉产业的蓬勃生机。

古典的外观会给人一种明治/大正时代建筑的错觉,但其实它落成于昭和时代。本馆是有着近90年建筑历史的重要文化遗产。

本馆(1931年)

新馆(1962年)

1931年,在本馆落成前夕,日本也诞生了这样"摆脱样式"的建筑。

雷蒙德邸 1923年
安托宁·雷蒙德设计

东京中央电信局
1925年 山田守设计

白木屋 1928年
石本喜久治设计

这才是社交场!

这座与新兴的"摆脱样式"毫无关联的建筑,如同在做抽样调查一般,集各国建筑样式于一身。

一层玄关大堂:文艺复兴风格

三层谈话室:詹姆士风格

三层镜廊:帝国风格

各个房间的细节设计也非常有看点。其中,格外引人注目的是三层谈话室内色彩斑斓的墙壁。

屋顶平台上还设有高尔夫练习场。

屋顶平台·纺绩神社

它采用的是在京都烧制的窑变瓷砖。据说,渡边会亲自确定每块瓷砖的位置,并将其拼贴在墙壁上。

建筑设计者是打造样式建筑的名家。

京都车站1913年
现已不存

大阪大厦1925年
现已不存

大阪商船神户支店1922年
（现神户商船
三井大厦）

渡边节（1884—1967）

考究！

毕业于东京大学建筑专业，曾任职于铁道院等，1916年创立渡边建筑事务所，打造了大阪商船神户支店（1922年）、大阪大厦（1925年）等多种风格的样式建筑。

不过，笔者还是更认可他的另一个身份——村野藤吾的老师。

村野藤吾（1891—1984）

村野就读于早稻田大学期间，就受到了渡边的赏识。在1929年自立门户之前，村野一直作为渡边的得力助手活跃在建筑领域。

棉业会馆是村野独立前接手的最后一个项目，他也兼任制图负责人。

村野进入渡边事务所后不久，便公然批判起样式建筑。

不过，村野将渡边尊称为"毕生恩师"。

棉业会馆带有鲜明"村野风"的一处设计，就是地下一层食堂墙壁上的镶嵌抽象画。

不规则排列的镶嵌材料，很像康定斯基的风格。

也许你会感叹他们二人微妙的师徒关系，但看到渡边任职于铁道院期间设计的梅小路机关车库，你就会恍然大悟了。

哇，现代主义！

京都梅小路机关车库（1914年）。合理的平面设计，摒弃一切装饰的明快空间。当时最前卫的建筑作品，如今看来也是非常令人震撼的现代派建筑。

*具体内容参照P026

样式建筑的名家渡边也是个不折不扣的现代派！渡边所说的话，可以完美诠释他的建筑观。

"做建筑既不是完全顺应主顾的意愿，也不是完全践行建筑家的意愿。"

"主顾是99%，建筑家是1%。"

——村野藤吾

相比设计手法，更值得学习的是设计理念。或许渡边与村野的师生关系才是最理想的。

顺路拜访

昭和六年

1931

东京中央邮局

与艰难保存下来的东京车站形成鲜明对比

地址：东京都千代田区丸之内 2-7-2

交通：JR 东京站下车，步行约 1 分钟

递信省（吉田铁郎）

东京都

据说，保存运动的领军人物鸠山邦夫（2016 年去世）少年时热衷于集邮，因此常常光顾这里。照片中是南侧保存下来的部分

专家们对东京中央邮局保存改建案的态度呈现两极化。最终得以保存下来的只有东京车站一侧的两个跨度，西南一侧被改建为超高层建筑。

室内中庭

塔

0.9°

旋转

新建的转角处。
与原始角度有些许不同。

据说，东南侧保存下来的部分，因原始位置无法容纳抗震装置，所以将建筑整体平移，稍微调整了角度，就这样实施了令人震惊的大工程（真了不起！）。即便如此，还是出现了质疑——"这样称不上完整保存了外观"。

但是，笔者非常青睐最终的保存方案。首先，可以观赏到原始建筑的截面，这样的空间体验十分新奇。

八角形的立柱被清晰地展示出来了，Good！

为了向解体的部分表示敬意，标记出了立柱的原始位置（八角形），可谓用心良苦！

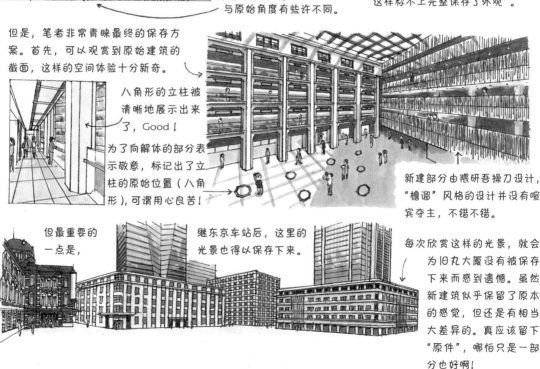

新建部分由隈研吾操刀设计，"檐溜"风格的设计并没有喧宾夺主，不错不错。

但最重要的一点是，

继东京车站后，这里的光景也得以保存下来。

每次欣赏这样的光景，就会为旧丸大厦没有被保存下来而感到遗憾。虽然新建筑似乎保留了原本的感觉，但还是有相当大差异的。真应该留下"原件"，哪怕只是一部分也好啊！

昭和七年 顺路拜访

1932

横滨市大仓山纪念馆

『世界上独一无二』，但成功吗？

称号：横滨市指定物质文化遗产

交通：东急东横线 · 大仓山站下车，步行约 7 分钟

地址：横滨市港北区大仓山 2-10-1

神奈川县

长野宇平治

踏上绿意环绕的石阶，视野开阔处赫然矗立着一座外观奇特的建筑。其内部设计也令人瞠目结舌，如同穿越过来的异次元建筑

"许多前现代派建筑，其实非常'后现代派'"，这样的建筑此前已有多次介绍，但这座大仓山纪念馆（1932年）或许是其中最典型的例子。

我们二人造访期间，这里正好在举办长野宇平治的展览。其中一份资料中有这样的记载。

绘画社团的学生们正在写生

长野宇平治将大仓山纪念馆的建筑样式命名为"前古希腊样式"（希腊之前的建筑样式）……长野根据对西洋建筑书籍及挖掘报告的收集与研究，终于在20世纪成功还原了当时的建筑样式。因此，大仓山纪念馆成为世界上唯一采用"前古希腊样式"的近代建筑。

虽然是世上独一无二的，但"成功"吗？

暂且不论成功与否，放眼望去到处都是新奇的细节设计。

圆轴状

排排站

这些细节像不像卡通饼干？

锯齿形

长野宇平治在65岁时完成了这件作品。虽然已经确立了"样式建筑名家"的地位，但他还是打算赌上自己的名声，去探索专属于他的个人样式。这样一脸严肃的人，竟然热衷于挑战！ →

昭和八年

1933

合理的流线型

安井武雄建筑事务所

大阪瓦斯大厦

大阪府

地址：大阪市中央区平野町 4-1-2

交通：地铁淀屋桥站西下车，步行 5 分钟

称号：登录物质文化遗产

御堂筋是代表大阪的主要街道。据说，"御堂筋"的街名在江户时代初记录大阪夏之阵战役[1]的史料中曾有记载。虽然背后有这段历史，但实际上，在大正时代中期以前，御堂筋只是一条狭窄且普通的小街道。直到1933年，市营地铁御堂筋线动工建设，才将街道拓宽至如今的规模。

面向御堂筋、同期建设的还有本次的巡礼地——大阪瓦斯大厦。建筑地下两层、地上八层，其中三层至七层是办公区，部分用于出租。据说，最顶层的八层从落成之初便是一家餐厅，食客可以一边享用地道的欧式料理，一边欣赏大阪的城市景观，视野良好时可眺望大阪城。餐厅营业至今，只不过咖喱饭取代了欧式料理，成为人气美食。

地下一层至地上二层是瓦斯烹饪器具的展示空间。临街的侧面设有拱廊，透过巨大的玻璃窗可以欣赏到建筑内部。另外，二层还设有可放映电影、举办音乐会的演讲厅。这座建筑不仅是企业的本部大厦，也可以供市民娱乐休闲。

而且，这座建筑在落成之初就配备了冷暖气设备。日本第一座实现整栋配备空调的建筑是大阪大丸百货，第二座便是大阪瓦斯大厦。另外，瓦斯大厦还是第一座对墙面使用泛光照明的建筑。从建筑设备的层面来看，瓦斯大厦也是非常先进的建筑。

流线型·现代主义

瓦斯大厦的设计者是安井武雄。从东京帝国大学建筑专业毕业后，安井任职于南满洲铁道（满铁）。打造了满洲车站后，安井进入片冈建筑事务所工作，并最终创立了安井武雄建筑事务所，也就是如今的安井建筑设计事务所。

安井的作品风格用一个词来概括，就是"合理"。这一时代，摒弃古典装饰的全新建筑风格在世界范围内流行开来，可以说，安井正是顺应了这股潮流。这一转向被称作近代主义、合理主义、机能主义、国际样式等，叫法五花八门，不过安井将这种个人风格命名为"自由样式"。

在大阪瓦斯大厦中，将这种风格特征表现得淋漓尽致的就是建筑外观了。面向十字路口的主立面，整体为曲面，几乎覆盖了整个立面

1　在大阪夏之阵战役结束后，作为战胜方的德川家统一了日本四国五州，日本进入大一统时期。

A 仰视建筑的南面。主立面设有水平环绕的屋檐与窗间壁柱，看上去非常美观 | B 南侧的主立面。四层突出的部分原先是演讲厅的放映室 | C 面向御堂筋的一层拱廊 | D 从八层的瓦斯大厦餐厅可以眺望御堂筋的街景 | E 橱窗采用曲面玻璃 | F 楼梯间墙壁圆窗中装饰艺术风格的装饰

的水平房檐，更凸显了流线型设计。

建筑的转角处采用曲面处理的设计手法。这种手法在二十世纪二三十年代盛行一时，代表作包括丸之内大厦（三菱合资会社设计，1923年）、东京朝日新闻社（石本喜久治设计，1929年）、服部钟表店（现和光本店，渡边仁设计，1932年）等。

这样的建筑风格也被称作"流线型·现代主义"，在世界范围内非常流行。

流线型设计不只流行于建筑领域，它是一场席卷全球的设计风潮。例如，铁道车辆会采用流线型设计。1934年至1936年，日本诞生了前端呈流线型的机车，如铁道省第二批次的C55型蒸汽机车等。

实践这一风潮的机车鼻祖是满铁的特急"亚洲号"，其华丽的流线型设计受到了全世界的瞩目。

"亚洲号"于1934年（大阪瓦斯大厦竣工后不久）投入使用。虽然安井离开满铁已有15年之久，但是，这期间安井承担了满铁日本国内分公司的设计工作，双方依旧保持着合作关系。满铁的车辆设计与安井的建筑设计之间，似乎也存在某种相互影响的关系。

城市建筑特有的风格

在美国掀起流线型风潮的设计师雷蒙德·洛威在《从口红到机车》（1951年）一书中，就何为汽车造型的极致表达了如下观点："停下来的时候，也能强烈感受到速度与动能，如同全力奔跑的猎犬，看上去充满能量。"

换言之，相比实际性能，看上去性能强劲才是重点。

铁道领域采用流线型设计的原因之一是为了减小空气阻力，但当时日本蒸汽机车的最高速度还未达到100km/h，体现不出效果。因此，日常维护颇为不便的流线型设计很快就被否定了。总而言之，铁道领域采用流线型设计，并非在于提高性能，而仅是作为一种象征。

那么，流线型设计又为什么会被应用于建筑领域呢？在十字路口的转角处，为了让车辆和行人能顺畅地转弯，道路被设计成了圆弧形。参照道路形状设计建筑的话，主立面自然会呈流线型，城市建筑采用这种设计有其必然性。留意到这一点的合理主义者安井，看来会拍着膝盖，称赞自己"干得漂亮"吧。

没错，静止不动的建筑呈流线型才是合理的。

在笔者看来，从某种意义上说，大阪瓦斯大厦（1933年）是一座奇迹般的建筑。

☆ 安井武雄建筑人生中的奇迹

谈到安井武雄，他是大阪俱乐部（1924年）、高丽桥野村大厦（1927年）、日本桥野村大厦（1930年）的设计者。

大阪俱乐部　　　　高丽桥野村大厦　　　日本桥野村大厦

唔，奇迹！

这些作品无一例外都是古典与异国情调并存的"重量级"建筑。然而画风一转，安井倾力打造的大阪瓦斯大厦却是一座现代且国际化的"轻量级"建筑。竣工那年，安井49岁，是建筑领域的中坚力量。
这种转变，只能看作突然间有某种灵感降临在他的身上了吧。

☆ 作为城市建筑的奇迹

竣工之初，一层东南两侧就设有鸡腿样式的拱廊，且转角处采用了曲面玻璃。最先进的陈列橱窗展示了人们非常关注的"使用瓦斯的生活场景"。

据说，分散在拱廊周围的玻璃块地板也是当初的设计。不可思议！
去地下一层南侧的卫生间一探究竟吧！

原来如此

⭐3 在大阪大空袭中幸免，竣工时外观被保存下来的奇迹

第二次世界大战期间，为了不被当作空袭目标，建筑外墙用煤焦油涂成了黑色。虽然不确定是否奏效，但在1945年的大阪大空袭中，这座建筑只有部分被损毁。

黑色迷彩

2006年进行大规模改建时，虽然商讨过将受损外墙上的瓷砖更换为其他材料，但最终还是采用了同种瓷砖。这座建筑既现代又透着独特的温情，或许就是瓷砖的缘故。能保存下来真是万幸！

⭐扩建使建筑增添了魅力的奇迹

最大的奇迹或许就是1966年的扩建使得建筑变得更加气派了。扩建工程不是简单模仿，而是在加入现代元素的同时，凸显1期的设计。

扩建的部分

如果之后再进行扩建的话，希望可以转守为攻，再加入最尖端的技术，使建筑更具魅力。

宫泽的方案 →

昭和八年

1933

引领潮流，超越潮流

威廉·梅瑞尔·沃利斯

大丸百货心斋桥店本馆

地址：大阪市中央区心斋桥筋 1-7-1

交通：地铁心斋桥站下车即是

*2015 年 12 月底闭馆改建。文中照片全部拍摄于 2015 年。

大阪府

服装、电器、家具、食品……各种商品应有尽有，还能发现从未见过的新商品，而且，只是逛一逛的话还是免费的——这样的梦幻场所就是百货商场。

世界上第一家百货商场是巴黎的乐蓬马歇百货（Le Bon Marché）。1904年，三井的吴服店向三越转型时，宣布将店铺升级为"百货公司"，这被认为是日本百货商场的开端。

大丸百货也是创立于江户时代且拥有吴服店背景的百货商场。1912年，大丸首先在京都建造了百货商场形式的店铺。随后，大阪总店也改建为百货商场，即发展至今的大丸百货心斋桥店。

商场位于御堂筋与心斋桥筋交会处的一隅。由于南北侧的相邻街区后来建造了别馆，所以现在的本馆才是战前建筑。不过，本馆也不是一次性建成的，心斋桥大筋一侧的1期工程于1922年竣工，余下的包括御堂筋一侧的工程直到1933年才竣工。

首先来欣赏建筑外观吧。御堂筋一侧是层次分明的三段式立面，顶部和基座铺贴白色石材，中段装饰着茶色条纹面砖。转角处设有哥特风格的塔，是外观的点睛之笔。

其次，因为心斋桥筋一侧架设着拱廊，所以主立面被遮挡住了，不过入口上方孔雀造型的赤陶装饰依旧非常吸睛。

最后进入建筑内部吧。从风斗到卖场的整个天井都被几何装饰覆盖，就像害怕看到留白一般。电梯大厅的设计也很出彩，尖形拱门造型的电梯门四周被装饰得异常华丽。

近代商业的大教堂

仅是身处商场，就会莫名感到兴奋，觉得非要买点什么不可。空间设计是这种欲望的诱因，在这一层面上，百货商场蕴藏着建筑的力量。正因如此，黎明期的百货商场从以往的土藏造建筑逐渐转向西式建筑，在建筑的华丽程度上相互竞争。

虽然战后出现了店铺集中经营的全新商业形态，即超级市场、商业步行街等，但建筑外观都冷冰冰的。而且，如今网购发展迅猛，实体商场正在逐渐消亡。在这种背景下，大丸百货心斋桥店应该可以算是使建筑设计发挥出力量的、辉煌时代的里程碑式建筑。

它的设计者是威廉·梅瑞尔·沃利斯。他最初以基督教传教士的身份从美国来到日本，

A 位于西北角的"水晶塔"｜B 御堂筋一侧（西侧）的全景｜C 御堂筋一侧的入口｜D 御堂筋一侧风斗的天井装饰，类似阿拉伯式的装饰纹样｜E 一层的电梯大厅｜F 连接各楼层卖场的X形楼梯｜G 二层的电梯大厅。楼层指示牌采用艺术装饰风格｜H 心斋桥筋一侧入口上方的孔雀造型赤陶装饰

除了前面章节谈到的日本基督教团大阪教堂（1922年），沃利斯还打造了多座新教教堂。虽然他也设计过学校、医院等其他类型的建筑，但大丸百货心斋桥店是他设计的唯一一件大型商业建筑作品。

我们会先入为主地认为，作为商业主义化身的百货商场并不是沃利斯擅长的领域，但最终，他却打造出了一座如此气派的建筑。看来此前无处施展的装饰性设计手法，在这件作品中发挥得淋漓尽致。

不过，法国作家爱弥尔·左拉在小说《妇女乐园》（1883年）中，将诞生于那一时代的百货商场建筑描述为"坚实又轻巧的近代商业大教堂"。或许作为一种建筑类型，百货商场与教堂建筑真的有相似之处吧。

的确，大丸百货心斋桥店入口周围等处的彩绘玻璃，可以看作借鉴了教堂建筑的设计手法。

另外，这座建筑标志性的直线形几何图案及特殊的字体，都源自被称为"装饰艺术"的建筑样式。

最前卫的装饰艺术样式

装饰艺术样式是1925年巴黎世博会后流行于欧美的设计风潮。它也被应用于建筑领域，代表作品之一是纽约的克莱斯勒大厦。这座建筑竣工于1930年，略早于大丸百货心斋桥店。由此看来，在昭和初期，建筑设计风潮几乎同步传播开来了。

百货商场这类设施，通过不断向人们展示新商品，在世界范围内引发潮流。但是，建筑设计或许演变成了紧随潮流不断发展进步吧。

但是，这座拥有80余年建筑历史的百货商场，其设计风格的价值已经超越了流行本身。大丸百货心斋桥店本馆于2015年年底暂时停业，实施改建工程。据说，新建筑会保留并使用御堂筋一侧的外墙，希望内部设计也能被最大限度地保存下来吧。（2019年9月，大丸百货心斋桥本馆重装开业。——编者注）

每个人对建筑名作的评判标准都有所不同，对笔者（宫泽）而言，标准之一就是"想把它画下来"并且"画得很开心"。按照这个标准，大丸百货心斋桥店算得上"名作中的名作"了。插画篇幅只有两页完全不够！所以，这次先抛开建筑背后的故事，从笔者心心念念的细节设计开始。

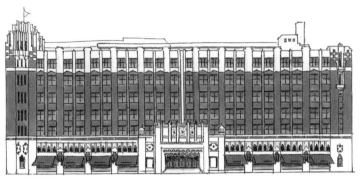

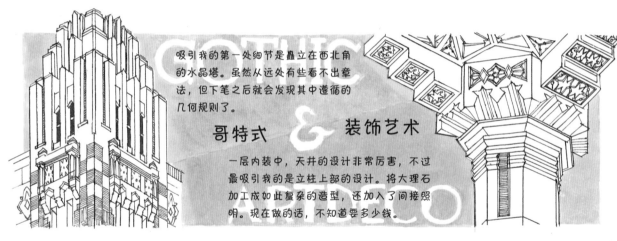

吸引我的第一处细节是矗立在西北角的水晶塔。虽然从远处有些看不出章法，但下笔之后就会发现其中遵循的几何规则了。

哥特式 & 装饰艺术

一层内装中，天井的设计非常厉害，不过最吸引我的是立柱上部的设计。将大理石加工成如此复杂的造型，还加入了间接照明。现在做的话，不知道要多少钱。

楼梯从两个方向交叉成"X"形。简直美如画！

电梯也是竣工之初就有的，楼层指示牌的设计太美了！

咦，忘记上色了？不是的，上色之后，就不容易看出几何规则了，所以故意只画了线条。大家如果有空的话，就试着来上色吧！

本次巡礼还有许多新发现。

首先，这座建筑是分4期（也可粗略划分为2期，即心斋桥筋一侧与御堂筋一侧）建造完成的。一层的原始平面图↓

御堂筋

心斋桥筋

Ⅲ期·Ⅳ期 1933 Ⅰ期·Ⅱ期 1925

N

据说，心斋桥筋一侧的外观原本是这种文艺复兴风格的（现在被拱廊遮挡住了）。

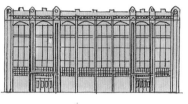

五层以上的部分在战争中被烧毁，战后得以复原和扩建。

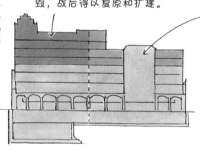

内部曾设有环绕整个一层的夹层（小二楼），如同宫殿一般！如今，只有一部分夹层被保存下来，几家咖啡厅在此经营，其中一家就叫作沃利斯咖啡厅，名字直接明了！

环境真优雅啊……

过去，人们不仅可以在百货商场购买商品，还能抛开琐碎的日常，进入一种"梦境"。此刻，我在小二楼喝着咖啡，又重新认识到了这一点。

最令人震惊的是心斋桥筋一侧的中央区域，竟设有贯穿六层的室内中庭。太大胆了……

▼ 试着把当时的照片拼凑在一起。

在这个任何商品都能在网上购买的时代，人们却再次寻求商业设施所营造的"梦境"。期待百货商场以全新的形式将"梦"延续下去。

昭和八年

顺路拜访

1933

日本桥高岛屋

首座被指定为重要文化遗产的百货商场（包括扩建部分）

高桥贞太郎　村野藤吾（增建部分）

称号：重要文化遗产

交通：JR 东京站下车，步行 5 分钟，或地铁日本桥站直达

地址：东京都中央区日本桥 2-4-1

东京都

由村野藤吾打造的扩建部分，楼梯扶手及屋顶间的设计十分引人注目。2018 年秋天重装开业，与背后重新开发的大厦相互贯通

高岛屋日本桥店是日本首座被指定为重要文化遗产的百货商场。从西侧的外观来看，它似乎是一座昭和初期比较保守的样式建筑。

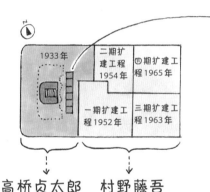

高桥贞太郎　村野藤吾

村野藤吾在高桥贞太郎设计的原建筑（1933年）之上进行了扩建。战后共进行了4次扩建。想要细细品味整座建筑的话，一定要环绕一周！

但是进入内部就会发现，这座建筑是以样式建筑中不会出现的要素——电梯为主角构成的。

当时最前卫，如今看来复古感十足的带有伸缩式栅栏门的老式电梯。Good！

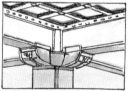

乍看之下，内部装修是西洋风格的，但天井是折上格天井[1]，立柱上部是肘木[2]风，细节处的设计灵感源自日本建筑。

从地下一层的大阶梯一上来，室内中庭的正面就设有一整排老式电梯。

哇！

室内中庭的照明是村野藤吾的设计。

从这里开始是村野的设计
南侧外观

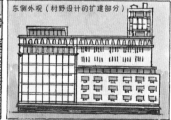

东侧外观（村野设计的扩建部分）

既不是引用样式设计，也不是单纯的现代主义。别人是别人，自己是自己。村野的设计看上去是对高桥设计的原建筑的"回礼"。

1　折上格天井指边缘有突出弧度的天花板造型。
2　肘木指梁状水平木材，用于分散重力。

1934 1936

位于地下的他世界

渡边仁、布鲁诺·陶特

静冈县

旧日向别邸

地址：静冈县热海市春日町 8-37
交通：JR 热海站下车，步行 8 分钟
称号：重要文化财产

关于布鲁诺·陶特（1880—1938），我们在建筑巡礼连载的日光东照宫篇（《日经建筑》2013年2月25日号）中有过介绍。简单回顾一下，布鲁诺·陶特是德国建筑家，其代表作是表现主义风格的"玻璃展馆"（1914年）和布里兹巨型聚落（1930年）。纳粹势力崛起后，陶特逃亡到了日本。在此期间，他从事工艺的指导工作，并撰写与日本文化相关的著作。他盛赞桂离宫的逸事广为人知。

陶特在日本留下的唯一一件建筑作品就是本次的巡礼地——日向别邸的地下室。

从热海站步行10分钟左右，就能看到这座建筑矗立在面向大海的很陡的下坡上。从外面可以看到的主屋是非常普通的木造住宅，由渡边仁设计，1934年竣工。

建筑的委托人日向利兵卫是大阪出身的贸易商，靠做进口贵重木材生意发家。据说，他在东京银座的店铺购买了陶特设计的台灯。因为非常喜欢陶特的设计，便将地下室附属建筑的增建设计工作委托给了他。最终的设计工作由递信省营缮课的吉田铁郎协助完成。

先从主屋的玄关进入内部吧。原本的起居室现在用作接待参观者的大堂，前面是带草坪的开阔庭院。这里也是地下室的屋顶平台。

沿着楼梯下行，就进入了地下部分，那里设有与地上部分风格截然不同的空间。

和、洋混合的空间

地下部分设有三个并排的房间。每个房间的东侧都有一个大开口部，过去从那里应该可以观赏海景。如今因为树木过于茂盛，只能透过枝叶的缝隙观海，令人不由得焦躁起来。

楼梯下方最宽敞的房间是社交室。据说，过去这里可以打台球、举办舞会。

内部装修中最引人注目的是对竹子的使用。楼梯扶手、壁龛墙面都加入了竹子。这种设计或许在很大程度上是受到日本工艺的影响吧。照明的设计也非常独特。陶特在其著作《日本》中写道"日本的夜间照明格外美丽"，并对奈良春日神社的石灯笼、青铜制吊灯笼及日本各地商业街的路灯赞不绝口。或许他是以此为灵感，才用竹子吊起一整排电灯泡的吧。

它们看起来就像圣诞树的彩灯装饰，如果不了解的话，应该想不到出自名家之手吧。不过，陶特的"玻璃展馆"等作品，都是将灯光作为空间设计的主题，因此，这处设计也一定

A 从社交室望向衔接地上与地下空间的楼梯 | B 将竹子折弯后连接起来用作楼梯的扶手 | C 过去可以打台球、举办舞会的社交室 | D 打开折叠门，从西式房间的上台望向窗外。树木非常茂盛，原本应该能眺望大海 | E 和式房间的壁龛与上台。隔扇后面是另一个和式房间 | F 从庭院的围墙探出身子，可以看到部分地下空间的外观 | G 庭院下方就是陶特设计的地下部分，照片左边的建筑是渡边仁设计的主屋

仔细考量过照明效果了。但非常遗憾的是，这处照明早已停止使用，因此光线照亮整个空间时是怎样的效果，已经无从得知了。

社交室隔壁是一个西式房间，墙壁上点缀着酒红色的十字架装饰，令人印象深刻。一侧的地面呈阶梯状升高，虽然是因为受到地下主体形状的制约，但窗外的景色也因此富于变化，别有一番趣味。

最里面的日式房间，同样是一侧地面升高，但由于与壁龛融为一体，呈现出的效果也十分有趣。

这三个相连的房间组成了一个不可思议的和洋混合的空间。这是日本建筑家无法做到的吧。

梦中的乌托邦

在日向别邸的地下室中待了一会儿，就感到这里是与外界隔绝的另一个世界。为了找出产生这种感觉的原因，我们来揣摩一下陶特设计这个空间时的心境吧。

在祖国德国没有容身之所，陶特最终逃亡到了日本。虽然身边的人都很亲切，但只能做工艺指导或撰写著作的工作，真正的建筑设计工作迟迟没有找到。来到日本的第三年，陶特为自己怀才不遇而悲叹的心境也是可以理解的。于是，他梦想着在现实之外的某个地方，找回年轻时热衷的神秘主义志向。

陶特二十多岁时曾出版过一本名为《阿尔卑斯建筑》的画集。那是他构想出的一个位于深山里的神秘乌托邦。或许是日本的生活让他看不到未来，临近暮年的陶特再次幻想出了一个乌托邦，并以此为灵感，打造了这个地下空间。

在西方有这样一则传说，地球内部是一个空洞，其中孕育着一个高度文明的世界"雅格泰"。这不禁令人联想到，陶特是将这样的乌托邦意象投射到了日向别邸之中。

1936年，陶特在完成了日向别邸地下室的设计后离开了日本，动身前往土耳其。那里有着拥有宏伟地下城市的卡帕多西亚遗址。陶特踏上这场旅程，或许是出于对"雅格泰"的向往吧。

桂离宫逐渐淡出了人们的视线，而陶特却向全世界展现了它的价值。

美到令人流泪！

嗯

布鲁诺·陶特

另外，陶特还因为严厉批评过日光东照宫而为人熟知。在旧日向别邸的资料中常能看到这样的照片，因此想象中，这是一座风格简约、突出抽象美的空间。但是，实际的印象却颇为不同。

木造二层主屋（渡边仁设计）前庭的正下方，便是陶特设计的"附属建筑"。

在这下面吗？

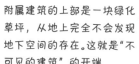

截面示意图

B1层平面图 →

附属建筑的上部是一块绿化草坪，从地上完全不会发现地下空间的存在。这就是"不可见的建筑"的开端。

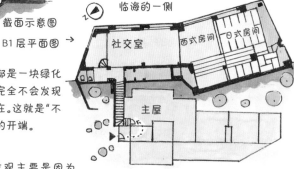

临海的一侧

社交室

西式房间 日式房间

主屋

沿着楼梯下行，首先映入眼帘的是社交室。咦？看起来不是简约风啊……

咦？

印象的改观主要是因为天井悬挂着一排电灯泡。

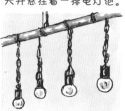

最下面几节楼梯的扶手是民间工艺风格的，用弯折后的竹子制作而成，存在感极强。如果问宫泽"这两处设计很美吧？"，他的回答一定很微妙……

不过，与社交室相连的西式房间却美得无可挑剔。尤其是西侧的阶梯状空间，以酒红色（织物）为基调，被分割成大小不一的四边形，设计紧凑，散发着王室般尊贵的气息。

仔细一看，也许是为了强调每级台阶的水平度，侧面采用了略有差别的两种颜色加以区分。敏锐的色彩感！

与西式房间相连的日式房间的结构，同样可以从西侧的阶梯状空间俯瞰大海。

虽然这两个房间很具美感，但似乎有别于一般理论上的海景建筑。举例来讲，矗立在建筑西侧、由隈研吾设计的"水／玻璃"（1995年）采用了这样的形式：外侧一周镶嵌玻璃，露台位于水池中央，旨在强调建筑临近大海。

如果让对桂离宫赞赏有加的陶特来设计的话，也许他会打造一条凸出于斜面的月台吧。

想象图

但是，陶特在这里采用的手法却完全不同，他选择从离海最远的地方观赏海景。在室外光线的对比下，室内漆黑一片，呈现在矩形"取景框"中的景色如同影像一般。望着海景，本人忽然产生了这样的想法。

如同影像一般

夏祭中常见的灯泡＝日本的回忆

据说，社交室的灯泡是从日本的夏祭中得到的灵感。这样看来，整个附属建筑或许是陶特的"日本回忆"。思念祖国的陶特眼中的大海便如同影像一般吧。

昭和九年

顺路拜访

1934

动物入驻的印度风？

筑地本愿寺

伊东忠太

称号：重要文化遗产

交通：日比谷线筑地站下车，步行 1 分钟

地址：东京都中央区筑地 3-15-1

东京都

这样的印度风寺庙并没有违和感，是因为人们看习惯了，还是因为伊东忠太看透了日本人的 DNA ？

奇幻动物的巢穴——筑地本愿寺（1934年）。
剧透一下，动物们潜伏在这些地方。

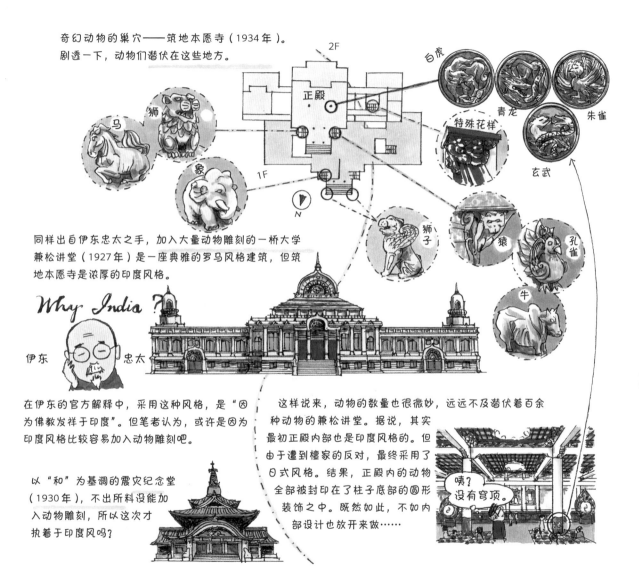

2F

正殿

1F

马
狮
象

白虎
青龙
朱雀
特殊花样
玄武

狮子
猿
孔雀
牛

同样出自伊东忠太之手，加入大量动物雕刻的一桥大学
兼松讲堂（1927年）是一座典雅的罗马风格建筑，但筑
地本愿寺是浓厚的印度风格。

Why India?

伊东 忠太

在伊东的官方解释中，采用这种风格，是"因
为佛教发祥于印度"。但笔者认为，或许是因为
印度风格比较容易加入动物雕刻吧。

以"和"为基调的震灾纪念堂
（1930年），不出所料没能加
入动物雕刻，所以这次才
执着于印度风吗？

这样说来，动物的数量也很微妙，远远不及潜伏着百余
种动物的兼松讲堂。据说，其实
最初正殿内部也是印度风格的。但
由于遭到檀家的反对，最终采用了
日式风格。结果，正殿内的动物
全部被封印在了柱子底部的圆形
装饰之中。既然如此，不如内
部设计也放开来做……

咦？
没有穿顶。

昭和十年

顺路拜访

1935

轻井泽圣保罗天主教堂

不愧是雷蒙德派的木造建筑

地址：长野县轻井泽町大字轻井泽 179

交通：JR 轻井泽站下车，步行约 30 分钟

虽然是重复利用同一框架结构，但看起来非常复杂多样，不愧是雷蒙德。用剪纸代替彩绘玻璃是雷蒙德的夫人诺埃米·雷蒙德的构想

── 长野县

安托宁·雷蒙德

圣保罗天主教堂被誉为初期木造现代派建筑的杰作。其实准确来讲，它应该是混合结构，因为下部是用钢筋混凝土（RC）建造的。

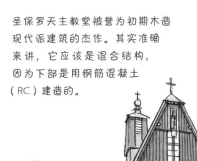

相比正面外观，宫泽青睐的东侧外观更能体现出雷蒙德的风格，极具"量感"。如果参观时忽略了东侧外观的话，就太可惜了！

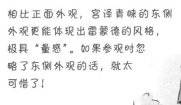

钢筋混凝土结构扶壁

进入建筑内部，便来到了一个纯木造空间。木材的组合方式完全有别于日本传统木造，十分有新意。

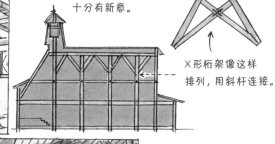

X形桁架像这样排列，用斜杆连接。

乍一看像是圆木的天井桁架，侧面用凿子加工得很平整。看似粗糙，实则细腻。如果可以的话，很想看看搭配单独座椅呈现出的感觉。

在当时的照片中，摆放的并不是现在的圆木长椅，而是单独的座椅。这个项目的负责人是后来成为家具设计师的乔治·中岛。当时的椅子是他设计的吗？

昭和十一年

1936

露台上的壁龛

万平酒店

久米权九郎

长野县

地址：长野县轻井泽町轻井泽 925

交通：JR 信浓铁道轻井泽站下车，驾车 5 分钟

从轻井泽站下车，在向北延伸的道路途中右转，沿着林间小道前行，万平酒店的阿尔卑斯馆就出现在了眼前。建筑整体结构对称，分为左右两个部分，中间耸立着塔形楼梯间。房檐向外延伸的车廊位于中央偏左，因而破坏了对称结构，呈现出十分精妙的外观。

架设着大屋顶的山墙上，壁柱和横梁纵横交错，因为这样的造型，它常被称为瑞士小木屋风格。但仔细一看，屋顶上方装饰着脊饰，造型似乎是抽象化的"雀舞"（信州地区民宅中常见的脊饰），看来是融合了欧洲风格与日本风格的设计。

创始人佐藤万平于1894年（明治二十七年）将发展自江户时代的旅社改建后，创立了万平酒店。酒店原本坐落在旧轻井泽银座附近，1902年迁至此地。现在的建筑物是在1936年的重建工程中建造的。

20世纪30年代，蒲郡酒店（1934年）、川奈酒店（1934年）、云仙观光酒店（1935年）等面向外国人的度假酒店在日本各地陆续开业。其中也有类似琵琶湖酒店（1934年，冈田信一郎、冈田捷五郎设计）这样设有巨大山墙的日式风格的奢华建筑。虽然有些建筑融入了以发扬国威为目的的帝冠样式，但它也可能是为了满足外国客人想象中的异国情趣吧。

万平酒店的设计当然也考虑到了外国客人的喜好，设计手法非常老练，使得建筑与周围的景色和谐地融为一体。

将国外建筑经验运用到设计之中

这座建筑的设计者是久米权九郎，即现在的大型综合设计事务所久米设计的创始人。

他的父亲是参与营建皇宫，并作为二重桥的设计者而留名后世的久米民之助。权九郎是家中次子，起初并没有选择建筑家的职业道路。从学习院毕业后，权九郎接管了父亲在新加坡兴办的橡胶园，之后前往德国斯图加特州立工科大学深造，但最初打算学习的是化学。据说，他转到建筑系时已经28岁了，真是迂回曲折的人生啊。

回到日本后，权九郎设计了读学习院时结识的三井家的别墅等建筑，全面施展了作为建筑家的才能。另外，除了万平酒店，他还打造了日光金谷酒店、河口湖观景酒店等众多酒店建筑。在这些建筑的设计中，权九郎一定运用了丰富的海外经验。

A 入口一侧全景。被称为瑞士小木屋风格的外观 | B 庭院一侧外观。屋顶的装饰类似当地民宅中常见的脊饰 | C 大堂一侧的楼梯 | D 客房内的卧室被隔成多个空间 | E 位于卧室窗前的"露台",配有茶几和沙发,墙上的壁龛中陈设着博古架和挂轴 | F 主餐厅架设了折上格天井 | G 支撑格天井的柱子和肘木

另外，其设计的建筑多数采用了久米式抗震木结构，他在这种结构中活用了在德国学到的抗震施工工法。据说，万平酒店也采用了这种工法。

下面进入建筑内部吧。穿过玄关，便来到了宽敞的大堂，主餐厅和露天茶座与之相连。主餐厅的墙面装饰着绘有轻井泽当地风光的彩绘玻璃，不过头顶上方又架设着折上格天井，由此看来，这处设计也是和洋混合的。

类似"宽檐廊"的空间

接下来去客房看看吧。房间的布局在其他酒店从未见过。除了浴室，整个房间是一个大单间，内部设有一道半隔断。床的位置在某种意义上就象征着卧室。

"卧室"与窗户之间用玻璃拉门隔出来一个狭长的空间，里面配有茶几和座椅。

根据竣工时的图纸，这里被标记为"露台"，这是约西亚·肯德尔在岩崎邸等作品中常用的西洋建筑设计手法。

另外，这里也会让人联想到旅馆客房中被称作"宽檐廊"的空间。据说，当客房内铺上被褥后，旅客可以坐在宽檐廊中休息，因此这里是非常必要的空间，不过这一说法还有待考证。还有一种说法是，这是根据国际观光酒店的配置标准而设置的。总之，在日本观光胜地内建造的住宿设施中，宽檐廊就像标配一样普及开来。

"宽檐廊"（日文：広縁）这个名字，让我误认为它是从日本建筑的"檐廊"（日文：縁側）发展而来的，但看过万平酒店的客房后，我觉得把它看作西洋露台与日本檐廊的结合更为妥当。

万平酒店的客房是西式房间，所以应该将它称为露台而不是宽檐廊，不过从这座建筑中，已经可以看到设计者对日西合璧的追求了，因为房间内设有一座装饰着博古架和挂轴的壁龛。

或许久米在设计日本的酒店时，有意识地将西洋建筑与日式建筑融合在了一起。因此，日西合璧的露台才会出现在客房的设计图纸中。

这样的设计不仅受到外国旅客的喜爱，也会让日本旅客感到亲切，因此日式旅馆后来也引用了这种设计。笔者试着构想了一下这样发展下来的日本酒店建筑史，各位意下如何？

其实，选择万平酒店作为本次的巡礼地，与其说是想参观建筑，不如说是想写一写建筑家久米权九郎充满戏剧性的人生。

久米权九郎 1895—1965

土木工程师、实业家久米民之助的次子（并不是第九个孩子），出生于东京。他在富裕家庭中成长起来，从学习院中等科（高中）毕业后，前往新加坡经营橡胶园，28岁时前往德国，投身于建筑领域。

简单总结下来，久米30岁之前的人生就已经充满戏剧性了。那么，作为久米的成名作，也是其代表作之一的万平酒店，又会是一座怎样的建筑呢？其实，在此之前，宫泽只知道那是一座露明木构架的欧式建筑。

像这样？

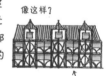

不过实际上，万平酒店是一座很难被归为某一风格的建筑。最容易招致误解之处就是外墙上没有这种造型 W 的设计。暴露在外部的木材全部与地面平行或垂直。除去山形屋顶的话，整体设计应该称得上"现代派的先驱"吧。如果采用平屋顶的话，或许可以在世界建筑史中拥有一席之地。

像这样？

不对，或许对久米而言，世界上的设计潮流与他无关。他关注的重点一直都在"抗震"上。在德国的工科大学深造期间，他提交的论文也以"久米式抗震木结构"为题。

久米在这座万平酒店（1936年）及早一年落成的日光金谷酒店别馆中实践了自己的构想。

久米式抗震木结构是通过组合5厘米×5厘米或5厘米×10厘米规格的木材来加强抗震性。因为形状类似编织后的竹篮，它又被称为"竹篮结构"。

久米民十郎
1893—1923

据说，久米立志于钻研抗震设计是受到了哥哥的影响。他的哥哥民十郎作为西洋画界的新星而被寄予厚望，但不幸在1923年的关东大地震中英年早逝。因此，我们就不难理解为什么久米权九郎把"建造坚固的建筑"当作自己的座右铭了。

客房的布局非常新颖。每个房间位于中央的卧室都是用窗帘和玻璃隔出来的，由此柔和地划分出公与私的空间。在正中央设一根立柱也是为了增强抗震性吗？

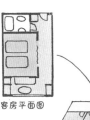
客房平面图

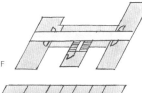
2F

2F

庭园

主餐厅

バー

原始平面图

会客堂

大厅

1F

主餐厅（参考照片页）的设计也不错，但宫泽最青睐的是一层前台的设计。楼梯间与平面呈三角形的前台融为一体，呈现出富有视觉变化的空间。外墙也是如此，久米权九郎的线条设计非常厉害，像是一幅3D版的蒙德里安的抽象画。

民宅风脊饰

庭园一侧的外观是这样的。虽然采用了同种设计样式，但这一侧在主餐厅上方架设了巨大的山形屋顶，看起来像是日本的民宅。如此独具匠心的设计，或许是它长久以来受到人们喜爱的原因吧。

昭和十一年

1936

机器的住宅

山口文象

黑部川第二发电站

地址：富山县黑部市宇奈月町黑部奥山国有林内

交通：黑部峡谷铁道猫又站下车，步行 2 分钟

富山县

在"前现代派建筑巡礼"中，我们依序欣赏了明治时代之后落成的建筑。其中大部分是受西方古典主义或哥特主义影响较大的样式建筑，当时的潮流中还夹杂着新兴的设计流派"表现主义"。就这样，最终在这里，一座纯粹的现代派建筑——黑部川第二发电站登场。

在富山县黑部市的宇奈月站，乘坐黑部峡谷列车。该铁道是日本电力为了建设发电站，于1926年开发的用于运送建材的货运专线。虽然已逐步向普通乘客开放，但据说车票上最初印有"无法保证生命安全"的提示字样。如今，这趟可以欣赏到绝美峡谷风光的货运列车在海内外观光客中颇具人气，几乎每趟都是满员。

穿过几座狭长的隧道后，列车沿着黑部川逆流而上。发车45分钟后，列车缓缓驶入猫又站，对岸的白色建筑物映入眼帘。几个长方体"箱子"组合在一起，上面还设有成排的方形窗户。虽然设计简约，但比例很美。被纳入现代派范畴的正是眼前这座建筑。

它的设计者是山口文象。他并没有一开始就踏上建筑家的职业道路，从东京高等工业学校附属职工子弟学校毕业后，山口进入清水组工作。但是，他并没有放弃成为建筑家的梦想，因此改行进入递信省，成为一名制图员。他与在那里结识的山田守等人组成了分离派建筑会，并展开活动。关东大地震后，他进入内务省东京复兴局从事桥梁设计，负责的项目有留存至今的东京清洲桥等。

后来，山口又进入竹中工务店、石本建筑事务所工作，1930年前往德国，在建筑家瓦尔特·格罗皮乌斯的工作室进修。

从工厂到发电站

当时的德国有着世界上最尖端的设计。成立于1907年的德意志制造同盟，致力于推动倡导设计师与工业一体化的设计改革，代表建筑家彼得·贝伦斯为德国通用电气公司（AEG）打造的透平机工厂（1909年），仿佛将"结构的合理性"直接化作了建筑的造型。随后，任职于贝伦斯事务所的格罗皮乌斯设计了法古斯鞋楦厂，其中运用的在转角处设立玻璃幕墙的手法，后来又被格罗皮乌斯用在位于德绍的包豪斯校舍（1926年）中，后者是公认的现代派代表作。也就是说，在从AEG透

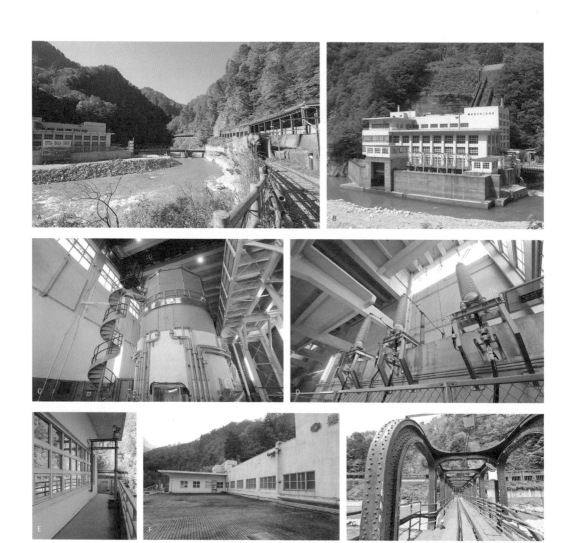

A 仅一川之隔的黑部峡谷铁道（右侧）与黑部川第二发电站（左侧）。拍摄时正在进行护岸、护坡作业 | B 作业开始前，从对岸拍摄的发电站全景（关西电力供图）| C 建筑内部的大空间内有一台巨型发电机 | D 容纳变电设备的空间 | E 工作人员办公室前的露台 | F 屋顶平台。远处突出的部分是工作人员的办公室 | G 铁桥也是山口文象的设计

平机工厂到法古斯鞋楦厂的发展过程中，建筑设计实现了向现代主义的转变。

在德国设计界这股风潮的影响下，山口结束了两年的海外进修。回国后，他创办了个人设计事务所，正式展开建筑事业。不久后，他便打造出黑部川第二发电站。在德国，现代派建筑的里程碑是一座工厂，在日本则是一座发电站。

空旷的大空间

黑部峡谷铁道列车驶入了猫又站。通常，列车不会在此站停靠，不过这次为了采访，我们乘坐的是工作人员专用车辆，因此可以在这里上下车。

从车站延伸出去的铁道支线通往发电站。沿着铁道前行，跨过红色的铁桥，就到了发电站。

这座发电站隶属关西电力，目前仍在运行。室内中庭处放置着发电机。

外墙上设有成排的窗户，因此只看外观的话，会给人一种许多工作人员在不同楼层工作的错觉。但其实那是一个空旷的大空间，只有大型机器坐镇。

勒·柯布西耶将现代派建筑定义为"居住的机器"，但展现在我们眼前的却是一座"机器的住宅"。

总而言之，这座建筑是发电机的外壳，外侧设计与内部功能几乎没有关系。虽然现代派的核心主张就是功能决定形式的功能主义，但这座建筑作为日本最早期的现代派，设计可以说是反功能主义的。

这座发电站的初期设计方案也被保存了下来，那些方案基本没有设置窗户，外观非常宏伟。

反过来想，也许正是因为与功能无关，这些年轻建筑家才能采用海外流行的最新潮设计吧。

而且，可以说正是因为与功能无关，这座建筑才得以在内部的机器更新换代后，保存到了竣工80多年后的今天。

如今，保存下来的战前现代派建筑可谓凤毛麟角，希望建筑周围沙土堆积的问题能得到解决，这样人们今后也能继续欣赏这座现代派建筑杰作。

得到未对外开放设施的参观许可时，就会觉得做这个连载真是太棒了。其中，最令人期待的便是黑部川第二发电站。我们的目的地黑部水坝，位于著名的黑部川的中游。

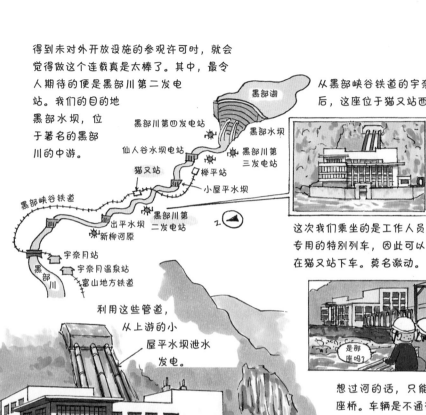

黑部湖

黑部川第四发电站

黑部水坝

仙人谷水坝电站

黑部川第三发电站

猫又站

榉平站

小屋平水坝

黑部峡谷铁道

出平水坝

黑部川第二发电站

新柳河原

宇奈月站

宇奈月温泉站

富山地方铁道

黑部川

利用这些管道，从上游的小屋平水坝泄水发电。

从黑部峡谷铁道的宇奈月站乘坐货运列车约50分钟后，这座位于猫又站西侧、黑部川对岸的建筑就出现在了眼前。猫又站是黑部川观光的热门拍照地之一，但是这里禁止下车，只能拍到这样的照片。

这次我们乘坐的是工作人员专用的特别列车，因此可以在猫又站下车。莫名激动。

莫名激动

沿着铺有货运专线铁道的专用步道，向发电站走去。

是那座吗？

想过河的话，只能走这座桥。车辆是不通行的。

拥有优雅曲线的桥梁并不像是工作人员专用。真不愧是山口文象！

迟来的建筑家简介……不认识他的读者看过来。

这就是"国际风格"！

*绘制这幅插画时，参考了初期的照片。

山口文象（1902—1978）

受到递信省的山田守、岩元禄等人的赏识，成为分离派的一员。关东大地震（1923年）后调职到复兴局，设计了多座桥梁，于1932年成立事务所。

这座建筑被视为战前"国际样式"的杰作。水平屋檐加上网格状的窗户，会使人联想到这种层状的截面。但其实……

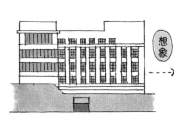

什么？内部竟然设有巨大的室内中庭！

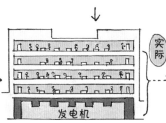

从立面图来看，好像有很多人在里面工作，但其实机械室占据了平面的大部分。

据说，水力发电站其实不需要这么多开口部。证据就是，四年后建成的第三发电站是这个样子的。看上去就是一座发电站。

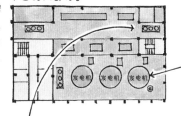

这座建筑给人的印象是"功能主义的先驱"，但对于"发电"这个目的，却没有遵循功能主义？或者说，对于"要如何展现给人们"这一命题，是将功能主义发挥到了极致？唔……

不过，这座设施目前正在进行三台发电机的更换，以及混凝土护岸的加高工程（为了应对河川水位上涨）。

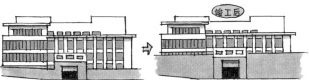

护岸工程竣工后，立面下部三分之一的地方将被遮挡。虽然有点遗憾，但这座拥有80多年历史的发电站今后也能继续正常运行，真是太厉害了。那么，就以100年为目标，以世界遗产为目标吧！

*采访时间2015年

昭和十一年

1936

屋顶上的金字塔

大藏省临时议院建筑局

国会议事堂

地址：东京都千代田区永田町 1-7-1

交通：地铁永田町站下车，步行约 3 分钟

东京都

每天都能在电视新闻里看到国会议事堂。虽然观赏过建筑的四周，但进入内部还是第一次。没有全体会议召开的平日，建筑对外开放参观。参观参议院与众议院需要分别提交申请。这次我们参观的是参议院。

参观的顺序是，首先在地下的参观大厅集合，然后依序前往参议院会场、御休所前、中央大厅及内部，最后来到室外，从前庭眺望整座建筑。

我们首先前往会场。会场面积达743平方米，和东京文化会馆的小厅差不多。如果再大一些的话，就无法看清他人的面部了，可以说这个大小已经是极限了。内部的460个席位（众议院为480个席位）呈半圆形分布。其中，实际使用的席位是242个（众议院为475个）。简言之，国政选举就是围绕这座会场的空间分配而展开的斗争。

接着，我们绕到了御休所的前面。御休所过去被称作御便殿，是天皇陛下使用的房间。进入中央门厅后，直接沿楼梯上行即是。透过玻璃，能观赏到集工艺技术之精华的内部装饰。前方架设着穹顶天井的大厅也非常值得一看。

最具观赏价值的就是中央大厅了。它位于参议院与众议院之间的中央塔内部，天井高32米。由于过高，从高侧窗进入的光线无法充分到达地面。厚重的拱从四面支撑着天井。如此庄重沉稳的空间，在日本难得一见。

追溯曲折的经过

国会议事堂于1936年竣工。要是从明治政府为了建设议事堂而设立临时建筑局算起，历时50年之久，真是一项浩大的工程。再看澳大利亚，从最初的临时议事堂到现在的联邦议事堂落成，历经大约60年，这样一比，50年或许不算太长。

最初制订设计方案的是德国建筑家恩德和贝克曼。两人在德国取得了不小的成就，是很有才能的建筑家，他们发挥各自所长，制订了两种设计方案，一种是正统的样式建筑，另一种则采用日本风。但是，负责推进的外务大臣井上馨，如果在修改条约的谈判中失败，设计方案便会随之触礁。

建设议事堂的重任先是交给内务省，后来移交到大藏省，由官厅营造修缮总负责人妻木赖黄所在的大藏省临时建筑部负责。与此同

A 从正门望向议事堂。正面玄关的右侧是参议院，左侧是众议院 | B 塔的顶部造型像一座金字塔 | C 位于中央塔正下方的中央大厅是一座高32.6米的室内中庭空间 | D 御休所前方大厅的天井 | E 参议院会场。与众议院不同的是，议长席后方是天皇出席国会开幕式时使用的空间 | F 御休所是天皇的休息室。从中央大厅的楼梯上行即是

时，建筑学会的会长辰野金吾主张举办设计竞赛。相比重视功能性的妻木一方，辰野一方更重视议事堂的纪念性，在这一点上，双方也展开了角力。因象征国家的建筑建设而陷入混乱的状况，让人联想到不久前闹得沸沸扬扬的新国立竞技场。

最终，还是举办了设计竞赛，获得一等奖的是宫内省技手渡边福三提出的架设穹顶屋顶的文艺复兴样式方案。此方案一出即受到了批判，在野建筑家下田菊太郎以个人名义提出的架设和风屋顶的"帝冠并合式"方案，同样引起了广泛的讨论。

不具象征性的建筑

获得竞赛一等奖的、由渡边提出的设计方案，在世界上广为流传的古典主义建筑谱系中占有一席之地。它是当时临时建筑局总裁井上馨所推行的欧化政策的延续，也是体现了如今全球化概念的一套设计方案吧。

另外，下田提出的和风方案则强调了日本的独特性，因此应该算是主打民族主义的设计方案。

但是，妻木去世后，大藏省临时建筑局的后继者吉武东里、矢桥贤吉、大熊喜邦等人，没有采用其中任何一种方案，而是自行设计了独特的建筑外观。最大的特点是中央塔的塔顶——将渡边方案中的穹顶顶改为如今的金字塔造型。

说起金字塔就会让人想到的建筑家，就是矶崎新了。他在洛杉矶现代艺术博物馆（1986年）、东京都厅舍设计竞赛方案（1986年）中，都设置了金字塔造型的天窗。

矶崎偏爱金字塔，并不是因为他倾心于古埃及，而是因为它是纯几何学的立体。并不是为了意味着什么，而是为了不意味着什么，才使用了这一抽象的造型。

这与国会议事堂的设计理念不谋而合。作为象征日本的建筑，国会议事堂被建筑家寄予厚望，但最终几位作风强硬的技术官僚打造了一座不具象征性的建筑。

但是也可以说，正是这种意义上的空白，反而象征着日本。这样思考下来，这座国会议事堂看起来就相当厉害了。

每个日本人都知道国会议事堂，但它是什么时候建的、由谁设计，几乎没有人知道吧。可以说它是既熟悉又陌生的建筑的代表作。这样说来，宫泽本也笃定地认为它是明治时代的建筑，但其实它竣工于昭和十一年（1936年）。调查一番后，我们发现它的建设过程也是谜团重重。

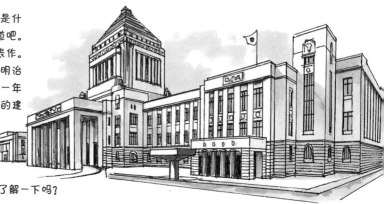

国会议事堂建设史 了解一下吗？

1868

① 1881年，明治天皇颁布设国会诏。议事堂建设的势头高涨。1886年，内阁设立了临时建筑局，但出于财政问题等原因，采取了启用临时议事堂的应对方针。

② 在临时议事堂召开第一届帝国议会。

明治

1912

③ 在辰野金吾的倡议下，1918年至1919年举办了设计竞赛。宫内省技官渡边福三的设计方案当选。

█ 后来做出改动的部分

但是，临时议事堂于1891年被烧毁，因此同年建设了第二座临时议事堂。然而，该建筑也于1925年被烧毁。唔，是被诅咒了吗……仅临时议事堂就建了三座。

大

正

1926

咦？和实际差别好大啊……这样说来，好像这一版的方案更气派一些？之所以有较大的改动，是因为当选的渡边福三因患西班牙流感突然去世，实施设计的是大藏省的吉武东里等人。

谜

消灾？

④ 1920年，即竞赛结束后的第二年，国会议事堂动工建设。外观会有如此大变化的原因尚不明确。顺便一提，关于尖塔的阶梯式设计，建筑史家铃木博之曾在书中写道，"这样的设计或许是为了给被暗杀的伊藤博文镇魂"。

⑤ 工期16年，终于竣工了！也太久了吧！

1936

昭

和

1941年太平洋战争爆发

谜

1945年停战

这次我们得到了参观参议院的拍摄许可（通常是禁止拍照的）。参议院位于议事堂正面右侧。

首先，我们来到了总能在国会转播中看到的会场。三层的公众席就像歌剧院的楼座，相当有气势。从折上格天井射进来的光线是原本的自然光。

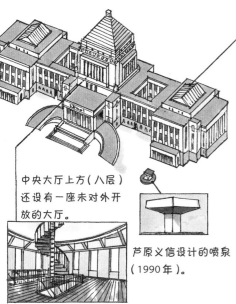

被清一色的灰（国产花岗岩）包裹的，如电脑图像一般的中庭▶

像哈利·波特的魔法学校。

中央大厅上方（八层）还设有一座未对外开放的大厅。

芦原义信设计的喷泉（1990年）。

空间的亮点应该是中央大厅吧。足有四层的室内中庭，光线从上部的狭缝中照射进来。

沿着螺旋楼梯上行，上一层（九层）还设有展望室。1964年东京新大谷酒店落成之前，它是日本最高的建筑（高65米）。

等到日本议事堂要进行大规模改建的时候，希望可以尝试这样大胆的设计。

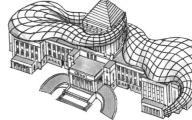

原来如此，这是一座使用了大量"真材实料"的豪华建筑啊。不过说实话，它并没有给我们留下深刻的印象……让宫泽印象深刻的，应该是德国联邦议会议事堂。

昭和十二年

1937

画中的革命

村野藤吾

宇部市渡边翁纪念会馆

山口县

地址：山口县宇部市朝日町 8-1

交通：JR 宇部新川线站下车，步行约 3 分钟

称号：重要文化遗产

渡边翁即宇部兴产的创始人渡边祐策。1934年，渡边去世后不久，宇部市内建造了一座纪念其成就的建筑，并将其捐赠给了市里。

建筑的设计者是村野藤吾。作为一位大建筑家，村野活跃至20世纪80年代，打造了文化设施、商业设施、办公室、酒店等众多建筑，涉猎领域尤为广泛。其战前的代表作正是这座渡边翁纪念会馆。

在介绍这座建筑之前，我们先来了解一下建造之初的时代背景。

当时欧洲已经打造出了正统的现代派建筑，如瓦尔特·格罗皮乌斯设计的包豪斯校舍（1926年）、路德维希·密斯·凡德罗设计的巴塞罗那国际博览会德国馆（1929年）、勒·柯布西耶设计的萨伏伊别墅（1931年）等。日本的建筑家也开始关注这一新兴的设计潮流，并且出现了效仿的动向。年轻的村野也跃跃欲试。

如何使日本建筑走向现代主义？笔者认为有两种方法。其一，日本的传统建筑先转向西洋的样式建筑，再走向现代主义。其二，日本的传统建筑直接接续现代主义。

总的来说，村野的看法更接近于前者。其大学的毕业设计采用的是摒弃传统装饰的分离派设计，但毕业后在大阪的渡边建筑事务所工作时，渡边节向他灌输了样式建筑的设计手法。

经由样式建筑，转向现代主义。众所周知，村野喜欢读马克思的《资本论》，借用当时马克思主义者的术语，村野的战略不就是现代主义的二次革命论吗？

那么，村野在渡边翁纪念会馆中完成了"革命"吗？我们接着往下看。

社会主义、纳粹的印象

建筑位于公园内。从正面走近的话，左右两边分别伫立着三座独立柱，中间便是呈缓弧形的主立面。造型兼具了现代主义的简约美与象征性。

墙壁由深茶色的瓷砖墙面与玻璃块镶边的窗户构成。曲面的主立面共分为三层，这处设计被认为是受到了埃里希·门德尔松设计的肖肯百货商场（1930年）的影响。

中央的玄关架设着雨棚，支撑立柱的截面类似巴塞罗那国际博览会德国馆的十字形。另外，侧面的墙壁上装饰着描绘劳动者的浮

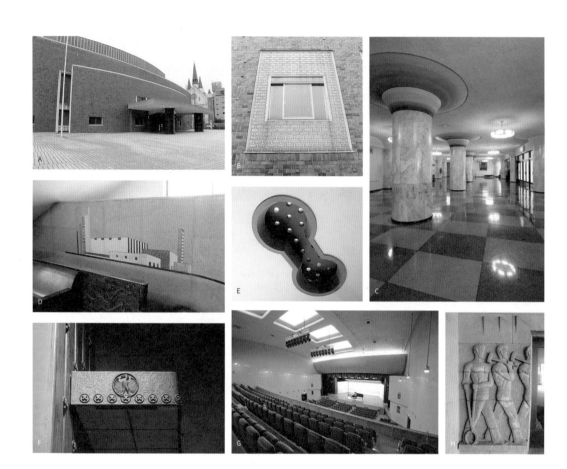

A 正面的三座缓弧形墙壁相互重叠 | B 玻璃块镶边的窗户 | C 一层大厅的列柱及过于独特的柱头设计 | D 大厅通往地下的楼梯侧面，镶嵌着现代派建筑的装饰画 | E 嵌入玻璃块的顶灯 | F 舞台翼侧装饰着鹫造型的徽章 | G 从二层看台望向舞台。用曲面处理外墙角的手法，令人联想到后来落成的日生剧场 | H 玄关侧面的劳动者浮雕

雕，就像在社会主义国家的宣传海报上看到的那样。

接下来进入内部吧。首先令人大吃一惊的是大厅内的圆柱。与天井相接的部分呈同心圆状，并被涂上了鲜艳的渐变色。这处设计可能是参考了汉斯·波埃尔齐格设计的柏林大剧场。

观察剧场内部后，你会发现舞台翼侧装饰着鹫造型的徽章。看到这个，多数人会联想到纳粹德国吧。在这座建筑动工的两年前，希特勒登上了元首的宝座。竣工同年，建筑家阿尔伯特·斯佩尔就任帝国首都建设总监。对于纳粹最大限度地运用建筑设计的力量来推进国家建设，当时的日本建筑界是十分钦羡的。这一点村野应该也有所关注。

屋顶平台上设有一座露台，并配有线条流畅优美的螺旋阶梯。屋顶花园的构思，可以想象得出是基于勒·柯布西耶设计的萨伏伊别墅。

观赏过内外部后，就会发现这座建筑将当时建筑界的新风潮——表现主义、现代主义像拼花手工一样拼凑了起来，设计者也毫不掩饰地表现出对苏联与纳粹德国等国家的关注。

没有相信任何一方的村野

这样说来，村野是认为这样的建筑设计、政治体制是正确的，应该当作目标吗？我不这样认为。他参考了众多建筑这一点，反而暗示他没有相信任何一方吧。

这一观点的依据，就是大厅通往地下的楼梯侧面装饰着的马赛克画，上面描绘的是俄国构成主义风格的现代派建筑。这是否意味着村野认为建筑的现代主义终究是画饼充饥呢？

渡边翁纪念会馆标志着日本战前现代主义的终结，同时又让人摸不着头脑。真是一座不按套路出牌的建筑。

是古典主义者还是现代主义者？是设计至上还是专攻技术？村野藤吾（1891—1984）在建筑史上很难被定义。宇部市渡边翁纪念会馆落成时（1937年），村野藤吾46岁。可以看出，他在这一时期的作品就已经很难被定义了。

纪念碑　　　纪念塔

渡边祐策兴办的主营煤矿、水泥、煤化学等的七家公司是宇部市发展的根基，因此在他去世后，这七家公司捐款建造了这座设施。据说，建筑正面的纪念碑与六座纪念塔正是象征着这七家公司。

看不出来是公共设施……

多么优雅，多么华丽啊！乍一看，虽然不知道用途是什么，但谁都看得出来这座建筑对于宇部市来说是特别的存在。

外观的设计似乎与现代主义背道而驰，但转到侧面，嗯？忽然出现了这样的"皱褶"。

看到竣工时的照片才发现"皱褶"竟然延伸到了剧场的上部，原来是让门式钢架结构暴露在外的设计。真是大胆啊，柯布西耶看了也会大吃一惊吧。

建设中

扶壁？

竣工时

为了改善防水效果才架设了如今的屋顶。原来如此啊。

现在

"我也重视结构！" 但这体现在不可见的部分，而可见的部分则是反现代主义的。

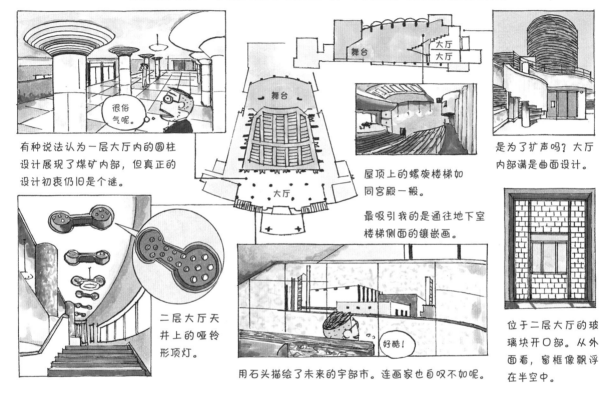

有种说法认为一层大厅内的圆柱设计展现了煤矿内部，但真正的设计初衷仍旧是个谜。

是为了扩声吗？大厅内部满是曲面设计。

屋顶上的螺旋楼梯如同宫殿一般。

最吸引我的是通往地下室楼梯侧面的镶嵌画。

二层大厅天井上的哑铃形顶灯。

用石头描绘了未来的宇部市。连画家也自叹不如呢。

位于二层大厅的玻璃块开口部。从外面看，窗框像飘浮在半空中。

细节特写的版面不够了！虽然有些设计能看出战争的影响，但它们也被升华为具有独创性的设计——村野风格。

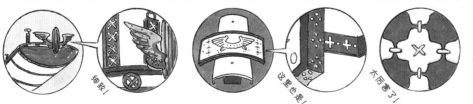

这座难以解释的建筑被指定为重要文化遗产（2005年），向文化厅的推动者们致敬！

昭和十二年

順路拜訪

1937

架設瓦屋頂的現代派

旧东京帝室博物馆本馆（现东京国立博物馆本馆）

称号：重要文化遗产

交通：JR 上野站或莺谷站下车，步行 10 分钟

地址：东京都台东区上野公园 13-9

东京都

渡边仁、宫内省内匠寮（实施设计）

约西亚・肯德尔设计的旧本馆（砖造）在关东大地震中损毁。据说，之后展开的重建设计竞赛的设计要求是「建造一座以日本趣味为基调的东洋风建筑」。

只用一个版面来画东京国立博物馆本馆是根本不可能的。仅围绕特征鲜明的瓦屋顶之"军国主义疑云"展开，就能毫不费力地画出四五页。

因此，这次我们暂且不谈屋顶的话题，把焦点放在宫泽十分倾心的台阶上。

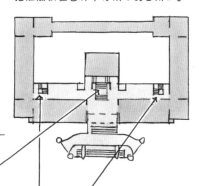

观赏原美术馆（原邦造邸，1938年）时，我就认为渡边仁应该称得上战前"楼梯名匠"的代表建筑家。虽然楼梯名匠村野藤吾的楼梯设计也相当厉害，但渡边仁擅长的是包括楼梯在内的空间结构设计。

另外，位于两侧的螺旋楼梯虽然是配角，却抢了主角的风头，存在感极强。这流畅的造型分明是现代主义！到底是从哪里看出了军国主义？

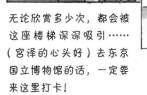

首先介绍让造访者大吃一惊的中央"分叉"楼梯。只是为了上二楼，竟然占用了这么大面积。设计看上去也很古典，大胆的悬臂式楼梯，非常现代！

无论欣赏多少次，都会被这座楼梯深深吸引……（宫泽的心头好）去东京国立博物馆的话，一定要来这里打卡！

1938

超越思想的风格

渡边仁

东京都

原邦造邸（现原美术馆）

地址：东京都品川区北品川 4-7-25

交通：JR 品川站下车，步行 15 分钟

作为主要展示现代艺术的美术馆，原美术馆在东京开创了先河，馆址位于东京都品川区被称为御殿山的高台一隅。

步入正门，一座被马赛克瓷砖覆盖的建筑映入眼帘。一边大致欣赏庭院内的雕刻作品，一边向玄关走去，玄关处花纹绚丽的大理石支撑着房檐。进入内部，在立有圆柱的玄关大堂中，最深处的室内中庭空间与走廊尽头形状类似香蕉的弧形狭长空间就是展厅了。

沿着楼梯上行，二层设有并排的小隔间展厅。虽然展示空间各具特色、富有魅力，但如此面积的建筑用来展示现代艺术作品，可能会给人留下些许狭小的印象。但也情有可原，原美术馆的建筑原本是作为个人住宅建造的。

宅邸的主人是原邦造——战前在第百银行、爱国生命等多家公司从事经营的实业家。不过，原邦造在这座宅邸生活的时间并不长。竣工还不到十年，宅邸就因战败被进驻军接管。返还后一段时期内曾用作菲律宾、缅甸的大使馆，但不久后便停止使用。据说，在作为美术馆公开前，这座建筑十多年来一直处于闲置状态。

现在，作为美术馆，这里成了具有观赏价值的场所。利用曾经住宅中的盥洗室、暗房等小房间打造的常设新类别艺术空间，使得让-皮埃尔·雷诺、宫岛达男、须田悦弘、森村泰昌、奈良美智等一流现代艺术家，举办了只能在这里展出的展览。另外，矶崎新工作室在中庭一侧设计、增建的咖啡馆也颇具人气。

是装饰艺术还是现代主义？

当我们谈论这座建筑时，其中一个困惑是：这座建筑的样式究竟是现代主义还是装饰艺术？

窗户的栏杆和玄关周围工整的几何设计可以说是装饰艺术风格。但是，从整体来看，还是属于现代主义。平面明显是左右不对称的，像蜿蜒走廊一样边走边体验的空间构造也是现代主义的特征。从偏离中心的地方看到的向外扩展的圆柱形部分，与其说是为了修饰外观，不如说是为了让内部的螺旋楼梯形状直接呈现在外观中。从这座建筑可以看出，现代主义的手法是由功能引导形式的。

但是，或许设计者渡边仁并没有意识到装饰艺术与现代主义的区别。装饰艺术华丽的装

A 玄关。装饰艺术与现代主义的对抗 | B 中庭一侧正在增建大厅和咖啡厅。右侧的平房曾是家政妇工作的空间 | C 从室外观赏一层大厅的窗户。栏杆的设计能够让人隐约感受到装饰艺术风格 | D 一层，由水磨石制成的早餐室窗台 | E 一层通往二层的楼梯。纯白色的空间配以黑色大理石 | F 二层通往屋顶间的楼梯。光线通过墙壁上的玻璃块进入室内 | G 一层展厅地板上留有隔断墙的痕迹 | H 增建的咖啡厅内部

饰性与现代主义的彻底否定装饰，是相对的立场，现在我们对这两者有了较清晰的认识。但是，这座建筑建造于20世纪30年代，那一时期，欧洲兴起了以萨伏伊别墅为代表的现代主义风格，与此同时在美国，克莱斯勒大厦的建设掀起了装饰艺术的热潮。作为建筑界的最新潮流，这两种风格是同时流行开来的。

不需要思想？

除了原美术馆，渡边仁还打造了融合历史主义与装饰艺术样式的新上豪酒店（New Grand Hotel，1927年）、新文艺复兴样式的服部钟表店（1932年，现和光本店）、装饰艺术风格的日本剧场（1933年，现已不存），还有令人联想到意大利法西斯式建筑的第一生命馆（1938年，DN TOWER 21利用的部分被保存下来）等风格迥异的建筑作品。

另外，渡边还是一位对设计竞赛抱有极大热情的建筑家，最为人熟知的获奖经历应该是他在东京帝室博物馆（1937年，现东京国立博物馆）的设计竞赛中获得了一等奖吧。此外，自任职于铁道院、递信省时期起，他就以个人名义报名参加了明治神宫宝物殿、明治天皇圣德纪念绘画馆、帝国议会议事堂等设计竞赛，并且成功入选上位。独立后，在军人会馆、福冈市公会堂、京城朝鲜博物馆等设计竞赛中，渡边也获佳作以上奖项。

有趣的是，渡边常在同一个竞赛中提交多个设计方案。他在圣德纪念绘画馆、东京市厅舍的竞赛中均提交了两个方案，在第一生命馆的竞赛中竟然提交了三个方案。

让审查员从多个方案中进行挑选，表明了建筑家"无论哪个都可以"的态度。没有信念。换言之，没有支撑建筑的思想。作为建筑家，这种"无思想"的作风或许应该受到谴责。

但同时，这也是一种自信的表现，无论建造怎样的建筑，都能高水准地设计出来。实际上，就像前面所讲的，渡边在十年间设计了众多令人意想不到的、风格迥异的建筑作品。

即使没有思想，也能设计出优秀的建筑。看来，包括原美术馆在内的渡边作品都印证了这一点。

宫泽心目中日本最"色情"的楼梯，就是原美术馆内的这座了。

"这座楼梯很'色情'"——产生这个想法，是在2016年，当时摄影家筱山纪信在原美术馆举办了"快乐之馆K"的裸体摄影展。在记者招待会上，听到筱山氏谈"好的建筑是'色情'的"这一观点时，不禁拍手叫绝。

筱山作品的展览内景 →

渡边仁
（1887—1973）
毕业于东京帝国大学建筑专业，曾任职于铁道院等政府机关，1920年独立。

谈到渡边仁，就绕不开帝冠样式的争论，话题就停留在外观上了。但是，宫泽想说的是……

😊 宫泽的视角 😊

渡边仁的魅力在于楼梯间！

😊 宫泽的视角 😊

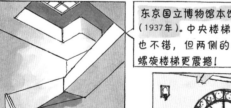

东京国立博物馆本馆（1937年）。中央楼梯的设计也不错，但两侧的四方形螺旋楼梯更震撼！

银座和光（1932年）。不满足于远远地眺望钟塔，偶尔也会去购物。楼梯间的采光设计令人着迷。

新上豪酒店（1927年）。虽然是正统的西式楼梯，但两侧铺贴着瓷砖的墙裙却莫名"色情"。

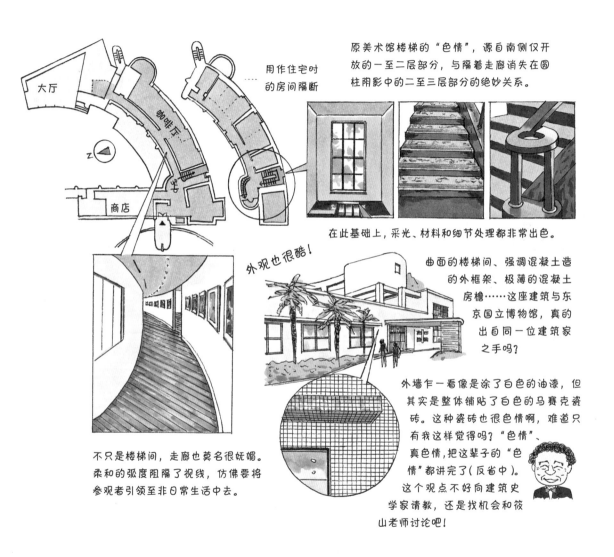

大厅

正面大厅

商店

用作住宅时的房间隔断

原美术馆楼梯的"色情"，源自南侧仅开放的一至二层部分，与隔着走廊消失在圆柱阴影中的二至三层部分的绝妙关系。

在此基础上，采光、材料和细节处理都非常出色。

外观也很酷！

不只是楼梯间，走廊也莫名很妩媚。柔和的弧度阻隔了视线，仿佛要将参观者引领至非日常生活中去。

曲面的楼梯间、强调混凝土造的外框架、极薄的混凝土房檐……这座建筑与东京国立博物馆，真的出自同一位建筑家之手吗？

外墙乍一看像是涂了白色的油漆，但其实是整体铺贴了白色的马赛克瓷砖。这种瓷砖也很色情啊，难道只有我这样觉得吗？"色情"、真色情，把这辈子的"色情"都讲完了（反省中）。这个观点不好向建筑史学家请教，还是找机会和筱山老师讨论吧！

昭和十三年

1938

日本化的现代主义

安托宁·雷蒙德

东京都

东京女子大学礼拜堂·讲堂

地址：东京都杉并区善福寺 2-6-1

交通：JR 西荻洼站下车，步行 12 分钟

称号：登录物质文化遗产

穿过东京都杉并区的住宅区，就来到了东京女子大学的校园。一进正门，右侧是一座架设着塔的建筑。这里就是本次的巡礼地——礼拜堂和讲堂。

外墙被带有镂空的预制混凝土砌块覆盖，这些砌块还被涂成白色，就像蕾丝花边一般。这样的设计已经非常别致了，但据说最初采用的是清水混凝土的手法。

进入内部。首先来看讲堂。以讲坛为中心，扇形分布的座位可容纳约1000人。入学典礼、毕业典礼等仪式及演讲会都在这里举行。充足的自然光线从高侧窗进入室内，使大空间通透明亮。

接着看礼拜堂。纵向空间内，混凝土圆柱支撑着弧形的穹顶天井。填满两侧与正面墙壁的镂空砌块内侧镶嵌着彩色玻璃，从中透过的光线使得整个室内变得五彩斑斓。真是特别的空间体验。

这座建筑的设计者是出生于捷克的美国建筑家安托宁·雷蒙德。作为弗兰克·劳埃德·赖特的助手，雷蒙德为了帝国酒店（1923年）的设计来到日本。虽然没等到建筑竣工，雷蒙德就离开了赖特，但他留在了日本，并创立了自己的事务所。第二次世界大战期间，他回到美国，但战后再次来到日本发展建筑设计事业，打造了读者文摘东京分公司（1951年）、群马音乐中心（1961年）等众多值得日本建筑家学习、借鉴的现代派建筑杰作。

其他建筑家的影响

雷蒙德从一开始就参与了东京女子大学的校园建设，并设计了多座校园建筑。目前尚不清楚他与东京女子大学是如何联系到一起的，不过据推测，这可能源自其父奥古斯特·卡尔·赖肖尔的推动。赖肖尔在大学创立的过程中任常务理事，又是做出了很大贡献的传教士，后来成为驻日大使。

赖肖尔毕业于芝加哥的麦考密克神学院，对于在芝加哥创立事务所的赖特，想必有所耳闻。而且，赖特的代表作罗比住宅（1910年）就在他曾经就读的大学附近，他可能也欣赏过。他与赖特有这样的关联，所以赖特将设计工作委托给雷蒙德也是有可能的。

雷蒙德独立后不久就设计了东京女子大学的校园建筑，也许正因如此，我们可以从中看到其他建筑家对他的影响。外籍教师馆

A 光线透过彩绘玻璃，使得礼拜堂内部变得五彩斑斓。彩绘玻璃共有42种颜色 | B 从礼拜堂的入口望向祭坛。透过彩绘玻璃的光线在墙壁上落下斑驳的影子 | C 礼拜堂内部的螺旋阶梯 | D 1927年竣工的赖肖尔馆 | E 1924年竣工的外籍教师馆是赖特风格的 | F 1925年竣工的安井纪念馆 | G 讲堂内的约1000个座位呈扇形排列 | H 1931年竣工的东京女子大学本馆，最初是一座图书馆

（1924年）与本馆（旧图书馆，1931年）是赖特风格的，安井纪念馆（1925年）令人联想到荷兰的建筑运动及引领风格派的格里特·托马斯·里特维尔德等人的建筑作品。

另外，最后建成的礼拜堂和讲堂，与奥古斯特·贝瑞设计的圣母教堂（1923年）有着惊人的相似之处。关于这一点，雷蒙德也在著作中承认当时的工作人员中有贝瑞事务所的前职员，所以他一定是有意模仿的。在设计过程中，还发生了他设计的夏之家（1933年）被勒·柯布西耶怀疑剽窃的事件（后来双方和解了），雷蒙德还真是满不在乎啊。

独特的建筑综合体的意义

东京女子大学的礼拜堂与圣母教堂的相似无可非议。与其继续探讨它们的相似之处，不如究其有何不同更有建设性吧。

首先要谈的是空间的量感。无论是横向还是纵向，东京女子大学都是圣母教堂的一半左右。其次，二者的内部结构也不同。虽然都设有成排的圆柱，但圣母教堂是典型的三廊式结构，用圆柱划分出中殿与侧廊，而东京女子大学的礼拜堂，圆柱外侧仅勉强能让一人通过，非常狭窄，没有可以被称为侧廊的空间。与其说是教堂，不如说更像是雷蒙德在木造住宅设计中采用的在门窗扇内侧每隔一段距离设一根立柱的手法。

第三，礼拜堂与圣母教堂最大的区别是礼拜堂与背后的讲堂合为一体。"合体"的原因似乎是为了共用一架管风琴。本来应该独立建造的两座建筑，就这样合体了。

这令人联想到1996年建筑家冢本由晴、贝岛桃代等人举办的"东京制造"展览。展览介绍了在东京出现的奇妙的建筑综合体，如百货商店与高速公路、预拌混凝土工厂与公寓、超市与驾校等，它们作为高人口密度的东京所特有的建筑展出。

雷蒙德是否也在无意之中，将日本建筑的特征归结为小巧、紧凑的集合体，从而在引用法国建筑时，采用了"合体"的手法呢？看来这座建筑记录了雷蒙德成为"日本建筑家"的过程。

本次的巡礼地也不禁让人感叹"做这个连载真是太棒了"。位于东京西荻洼的东京女子大学，保存着安托宁·雷蒙德在战前设计的7座建筑。首先，我们来到了位于正门右侧的礼拜堂。

哇！

据说，这座礼拜堂受到了奥古斯特·贝瑞设计的圣母教堂（1923年，法国）的启发。雷蒙德在自己的著作中大方地写道："下决心要参考它（圣母教堂）了，大体就按照贝瑞的思路来做。"还真是满不在乎啊……

▲ 圣母教堂的横向更宽。

完全沐浴在光线中。在五彩斑斓的光的交会中，正面的白色十字架隐约浮现。

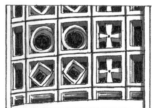

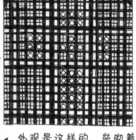

◀ 外观是这样的。垒砌着镂空的混凝土砌块。

礼拜堂与圣母教堂最大的区别是礼拜堂与讲堂的"合体"。据说，这是为了共用一架管风琴的权宜之计。

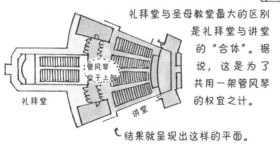

管风琴位于上部

礼拜堂

讲堂

↰ 结果就呈现出这样的平面。

与礼拜堂不同，讲堂是一个被白色光线笼罩的空间。磨砂玻璃产生了拉窗的效果。

保存下来的雷蒙德设计的建筑群（①~⑦）集中在正门附近的校园东侧。不仅礼拜堂（⑦）的风格受到了贝瑞的影响，无论看哪座建筑，都会觉得像是某位建筑家的风格。

例如，本馆（⑥，1931年）就会令人联想到弗兰克·劳埃德·赖特。开口部的设计与自由学院明日馆的设计很相似。

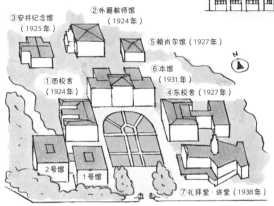

③安井纪念馆（1925年）
②外籍教师馆（1924年）
⑤赖肖尔馆（1927年）
⑥本馆（1931年）
①西校舍（1924年）
④东校舍（1927年）
2号馆
1号馆
⑦礼拜堂·讲堂（1938年）

外籍教师馆（②,1924年）也是赖特设计的帝国酒店（1922年）的风格。雨棚的造型看上去一模一样。→

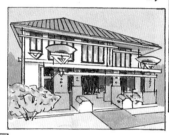

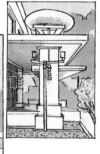

强调水平、垂直线条的安井纪念馆（③，1925年）令人联想到里特维尔德的作品。

随意涂上颜色，像这样？

彩色版的施罗德住宅风格

试想一下，当时的照片是黑白的，所以可能想模仿颜色也模仿不来。

众所周知，雷蒙德设计的轻井泽夏之家（1933年，现贝内美术馆）被柯布西耶质疑抄袭。不过，看到雷蒙德后来的发展，这也许是他寻找个人风格的"吸收过程"吧。

雷蒙德/轻井泽夏之家

柯布西耶/伊拉苏别墅的设计方案（1930年）

日文中"学习"的词源是"模仿"。现代人是不是也应该更豁达一些呢？

昭和十五年

1940

顺路拜访

橿原神宫前车站

让人看不出是木造建筑，这是村野的抵抗吗？

村野藤吾

交通：近铁大阪阿部野桥站乘急行列车约 40 分钟

地址：奈良县橿原市久米町 618

奈良县

虽然是大屋顶，却一点也不沉闷。两端结构复杂的屋顶相互重叠（如图），不愧是村野藤吾。建筑历史已有 80 年，但至今仍在使用，且并不显得老旧。太厉害了！

这座车站是由村野藤吾设计建造的。为什么在这个时间点修建车站？因为1940年，在橿原神宫举行了纪元2600年庆典。

虽说是神宫的玄关，但并不是简单的山形屋顶。大小、坡度、方向均不同的几座屋顶，组成了富有视觉变化的屋顶造型。

似和风，而非和风。

中央大厅是一个现代主义的、截面呈梯形的大空间。横梁上雕刻着这样的和风花纹，十分有趣。

西侧的山墙面上部，竟然装饰着如此田园牧歌式的雕刻……

好像和神武天皇东征的故事有关，不过确定是这样"闲适"的画风吗？

实地观赏的时候，我们认定这座建筑是钢骨造或钢筋混凝土造的。

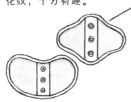

真材实料啊。

可是回到东京一查，建筑竟然是木造的。也是，当时除了木材，没有能大量使用的结构材料吧。

战争、纪元2600年、木造，这些关键词联系在一起，村野当然会被要求交出一份"发扬国威"的设计方案。即使采用更浓厚的和风也在情理之中。将"实实在在的木造"隐藏起来，是不是村野派的抵抗呢？

看不出是木造的木造。 不愧是村野藤吾！

昭和十七年

1942

家里的公共空间

前川国男

前川国男邸

地址：东京都小金井市樱町 3-7-1（江户东京建筑园内）

交通：JR 武藏小金井站下车，乘巴士在小金井公园西口下车，步行 5 分钟

称号：东京都物质文化遗产

东京都

日本各地都设有将建筑移建后集中展示的露天博物馆。东京都小金井市的江户东京建筑园便是其中之一，但不同的是，展品中不仅有古民宅，还有近代的住宅，其中不乏建筑家名作。与堀口舍己的作品小出邸并排，并且对于建筑爱好者而言的重磅展品，便是本次的巡礼地——前川国男邸。

这座宅邸原本于1942年建于东京的目黑区。1973年，那里被改建为一座钢筋混凝土造建筑，不过前川计划在轻井泽重建一座别墅，于是将拆解下来的建材保存了起来。然而，别墅的计划没能实现，前川便去世了。1996年，他的宅邸被重建在这座建筑园中。虽然对建筑实施了多处改造，但在移建过程中，人们将其复原到了最初的形态。

走在园内的主干道上，隔着带有草坪的庭院可以看到建筑的南面。简约的家宅剪影。外墙铺贴了木板，并将其涂成了茶色。如果这座建筑伫立在城市之中，也许都不会被注意到。从远处望去，它的外观十分内敛，但定睛一看，就会发现开口部的比例与中央支撑着屋脊的圆柱中透露出的非凡智慧。

入口位于另一面的北侧。这边也有一座庭院，沿着铺有石子的小路前行，就来到了玄关。迂回曲折的动线设计手法，后来也被应用到前川的代表作埼玉县立博物馆（1971年，现埼玉县立历史及民俗博物馆）等作品之中。

曾被用作办公空间

玄关意外小巧。进入后，左侧设有一扇大门。跟随大门的指引继续前行，一座两层的室内中庭起居室展现在眼前。南侧整面是开口部。以窗楣为界分为上下两部分，下部设有拉门。北侧是两层的loft空间，二层左右两侧均设有多个开口部。也就是说，这座宅邸的构造类似将一般家宅去掉四个角，从中央穿过的隧道状空间就是起居室。

在天井较高的起居室内设置楼梯来连接上下层的手法，是效仿了勒·柯布西耶的作品雪铁龙住宅（1920年）吗？使用这一手法的日本建筑另有增泽洵的最小限住居（1952年）、安托宁·雷蒙德的康宁汉邸（1954年）、矶崎新的新宿 White House（1957年）等。近代难波和彦的箱之家系列（1995年至今）中也有采用类似手法的作品。可以说，这种形式成

A 中央的大开口部前，立着一根类似栋持柱的圆柱 | B 北侧玄关周围。沿着迂回的动线前行，便进入了内部 | C 位于起居室东侧的卧室 | D 从二层俯视起居室。充足的光线通过大开口部进入空间 | E 通往厨房的门，上部呈拱形 | F 天井较高的起居室内设有二层loft空间。左侧收纳空间的一部分，用作面向起居室一侧的展示柜

了现代主义住宅空间的原型。

　　起居室东西两侧集中设置了卧室、厨房、浴室、卫生间和用人室。从平面图来看，与日建设计林昌二打造的POLA五反田大楼（1971年）那样的双核心筒办公大楼类似。实际上，在1945年的东京大空袭中，事务所所在的银座附近的办公大楼被烧毁，之后十年左右的时间里，这个房间一直被用作事务所。当时，起居室内摆满了制图板。

　　这个空间能被用作事务所，一定是因为具备了那种潜力。原事务所职员中田准一在《前川先生，全部是在家宅中完成的吧》（彰国社，2015年）中谈到，前川将这个房间称作"沙龙"而非起居室或西式起居室。虽然这里也能被称为住宅，但这是前川将其定义为具有某种公共性或社会性场所的证据。而且，这个空间的构造，似乎与埼玉县立博物馆、熊本县立美术馆（1977年）中镶嵌玻璃的大堂有某种关联。

音响效果如何？

　　由前川设计的神奈川县立音乐堂（1954年）、东京文化会馆（1961年）等音乐厅，是音乐爱好者的聚集地，而前川本人也是狂热的古典乐爱好者。据说，即使他晚年不便上下楼，也会为了欣赏音乐会而特意前往音乐厅，其狂热程度可见一斑。

　　前川也会在这座宅邸中欣赏古典音乐的唱片。在资料照片中，位于楼梯口处、用布罩住的箱子应该就是飞利浦牌唱片机。笔者很好奇前川收藏了哪些唱片，所以读了几本前川旧识写的著作。他似乎喜欢巴托克《弦乐嬉游曲》那样充满戏剧性的弦乐，还有类似福莱《安魂曲》那样平静舒缓的合唱曲。

　　另外，上述书中谈道"沙龙的大空间使得音色更加饱满"。真想体验那样的音响效果啊。能不能在这个空间举办一场唱片音乐会呢？

我们迎来了前现代派篇的最终章。压台登场的是前川国男的宅邸。它于太平洋战争开战后的1942年竣工，1996年被移建至江户东京建筑园，面向公众开放参观。

建筑园地图 （约7万平方米）

小金井街道

N

正门

炮火中的木造住宅？还是移建？是纸糊的房子吧。也难怪人们会产生这种想法。其实在第一次实地参观前，笔者也抱有同样的想法。不过现在可以断言，这座前川国男邸是本人最推崇的建筑家宅邸。

顺便一提，建筑园内还有在孩子们中间人气很高的钱汤"子宝汤"，因此也很适合家庭出游。

↑子宝汤（1929年）

回到正题吧。内部空间非常充实！没有使用多么特殊的建材，为什么这座室内中庭让人如此心情舒畅呢？通常不对外开放的二层，这次也允许我们参观拍摄了。

↓

空间以轴对称为基础。巨大的山形屋顶与截面为圆形、暴露在外部的立柱使我联想到了伊势神宫的正殿。

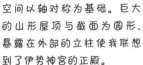

栋持柱！

很少出现在照片中的北侧立面也很气派！

特别是二层的木质窗扇的布局非常现代。即使不使用新材料，也能做出新设计！

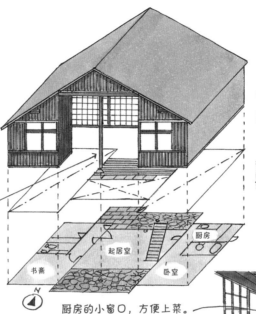

书斋　起居室　厨房　卧室

厨房的小窗口，方便上菜。

梯形桌面的桌子。为了让空间看起来更大吗？

室内的南侧大体上呈轴对称，但北侧似乎刻意打破了对称。

为了生活便利，用心打磨细节，无微不至。

楼梯下方的门，上部呈拱形。

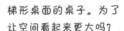

越深入观察，越觉得这样的住宅佳作只现存这一座，真是太可惜了。出售这座家宅的基本平面图，在符合条件的情况下允许重新装潢如何？如果是我的话，想把开口部换成多层玻璃，外墙上铺设钢板……作为前川逝世30周年的纪念活动怎么样？

2016年（拍摄时）是前川逝世30周年

后现代派建筑巡礼

开启被封印 20 年的宝藏

近年来常有耳闻，现代派建筑越来越受大众的欢迎。随着经济高速增长期建设的厅舍和文化设施迎来重建期，常有市民要求对建筑加以保存利用的请愿书或举行研讨会等报道。这对于通过《昭和现代派建筑巡礼·西日本篇》（2006 年发行）、《昭和现代派建筑巡礼·东日本篇》（2008 年发行）来传递现代派建筑魅力的我们而言，实属一桩幸事。

然而，我们从未看到市民写请愿书要求保存后现代派建筑的报道，或是大众杂志编撰的后现代主义特辑。即使在业界人士之间，也极少严肃地探讨后现代主义。既无批判，也无肯定，视而不见。这样看来，与其说是不关心，不如说是被封印了。

最大的原因或许在于后现代派建筑的巅峰时期与泡沫经济崩溃时期的重叠。无论是一般大众还是业界人士，都对那个时代深感愧疚。若是称赞泡沫经济时期斥巨资建造的建筑，还不知道会出现怎样的舆论。是因为有这样的咒缚吗？

从 20 年间的 36 件作品中可以看出什么？

政经系出身的笔者，1990 年被分配到专业不对口的建筑专业杂志社。正值后现代主义的全盛期。说实话，入社之初，我完全领会不到杂志上话题性建筑的精妙之处，反而会被旧刊中现代派建筑的质朴之美吸引。《昭和现代派建筑巡礼》的企划应运而生。

但是，时隔 20 年，随着建筑知识的增长，我开始思考当时无法理解的后现代主义究竟为何物。

如果不了解后现代主义是怎样诞生的，就无法知晓现代主义的问题所在。如果不了解后现代主义为何衰退，就无法知晓建筑今后应走向何方。如果不揭开这被封印 20 年的宝藏，历史就无法接续。

尽管写了一番大道理，但那种编辑的使命感其实是编后记，真正的原因是想实地观赏那些几乎无人问津的建筑。

　　我想仔细观摩后来被用作殡仪馆的 M2，以及被誉为泡沫经济象征的川久酒店的内部。另外，我也非常期待在观赏竣工之初完全无法理解的青山制图专科学校 1 号馆后，会有怎样的感受。建筑巡礼的原动力也是一种追星精神。

　　本书在选取《日经建筑》连载中刊登过的 25 篇建筑报道的基础上，增加了"顺路拜访"版块的 11 篇新作图解。采访对象是竣工于 1975 年至 1995 年的建筑，并按照竣工年份的先后顺序进行编排。探访 36 座建筑之后，读者应该会有所收获吧。即便没有，将那个时代的代表建筑结集成册，在我看来也是十分有意义的。

　　那么，就让我们开启这被封印 20 年的宝藏吧！

2011 年 6 月

宫泽洋

WEST
日本
西

【凡例】|●摸索期【1975 年至 1982 年竣工】|●隆盛期【1983 年至 1989 年竣工】
|●成熟期【1990 年至 1995 年竣工】

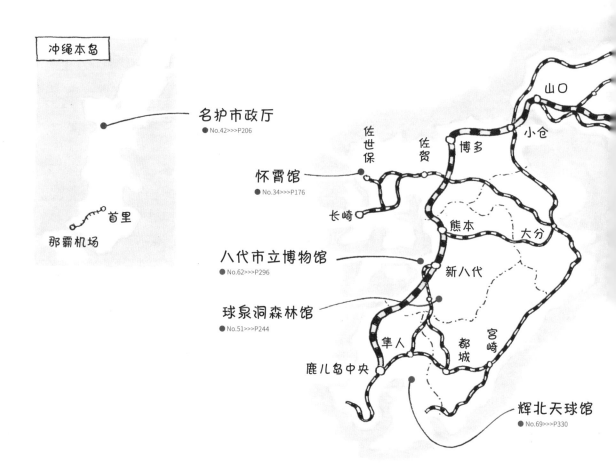

冲绳本岛

名护市政厅
● No.42>>>P206

怀霄馆
● No.34>>>P176

八代市立博物馆
● No.62>>>P296

球泉洞森林馆
● No.51>>>P244

辉北天球馆
● No.69>>>P330

山口
小仓
博多
佐世保
佐贺
长崎
熊本
大分
新八代
隼人
都城
宫崎
鹿儿岛中央

首里
那霸机场

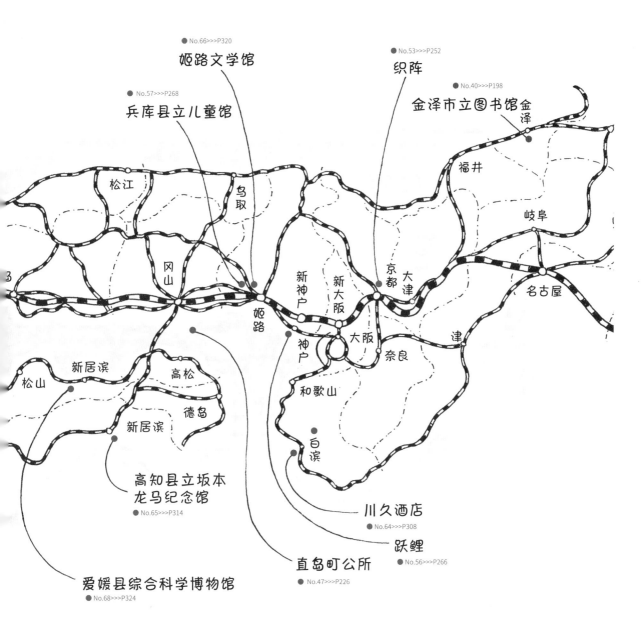

姫路文学馆
● No.66>>>P320

织阵
● No.53>>>P252

金泽市立图书馆金泽
● No.40>>>P198

兵库县立儿童馆
● No.57>>>P268

松江
乌取
福井
岐阜
冈山
新神户
新大阪
京都
大津
名古屋
姫路
神户
大阪
奈良
津
松山
新居滨
高松
德岛
新居滨
和歌山
白滨

高知县立坂本
龙马纪念馆
● No.65>>>P314

川久酒店
● No.64>>>P308

跃鲤
● No.56>>>P266

直岛町公所
● No.47>>>P226

爱媛县综合科学博物馆
● No.68>>>P324

巡礼
地图

EAST

日本
东

● No.39>>>P192
角馆町传承馆

青森
新青森

● No.46>>> p.220
筑波中心大厦

秋田
角馆
盛

● No.52>>>P246
盈进学园东野
高等学校

山形

仙台

● No.67>>>P322
石川县能登岛玻璃美术馆

新潟

福岛

宇都宫

水户

● No.36>>>P.

金泽
富山
长野
高崎
筑波

筑波新
市纪念
洞峰公园

岐阜
甲府
入间市
大宫
土浦

● No.37>>>

名古屋
八王子
调布
千叶

静冈

千叶县立
美术馆

● No.35>>>P182

小牧市立图书馆
伊豆长八美术馆
湘南台文化中心

● No.38>>>P190
● No.48>>>P232
● No.59>>>P280

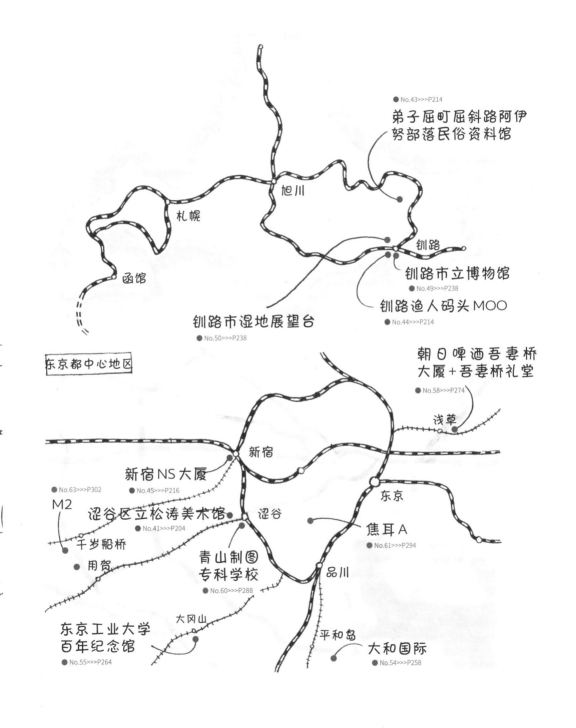

弟子屈町屈斜路阿伊
努部落民俗资料馆
● No.43>>>P214

旭川

札幌

函馆

钏路

钏路市立博物馆
● No.49>>>P238

钏路渔人码头MOO
● No.44>>>P214

钏路市湿地展望台
● No.50>>>P238

朝日啤酒吾妻桥
大厦+吾妻桥礼堂
● No.58>>>P274

浅草

东京都中心地区

新宿

新宿NS大厦
● No.45>>>P216

● No.63>>>P302
M2

涩谷区立松涛美术馆
● No.41>>>P204

千岁船桥

用贺

青山制图
专科学校
● No.60>>>P288

涩谷

东京

焦耳A
● No.61>>>P294

品川

大冈山

平和岛

大和国际
● No.54>>>P258

东京工业大学
百年纪念馆
● No.55>>>P264

摸索期

1975—1982

20 世纪 70 年代后期，日本的经济高速增长期结束，

在此之前，支撑社会发展的工业化和城市化的负面影响开始显现。

恰逢此时，建筑界迎来了巨大的变革。

对于风靡全球的现代主义，批评其"无聊"的声音此起彼伏。

尽管如此，那个时期"后现代派建筑"的形象尚未确立。

被视为异端的建筑家迎来了曙光，现代派建筑巨匠纷纷改变风格，

年轻建筑家以前所未有的作品风格横空出世。

在这样的激流之中，每位建筑家都在探索现代主义之后的建筑。

首先，让我们来欣赏这一后现代派摸索期的建筑吧。

1975

矗立在世界尽头的塔

白井晟一研究所

怀霄馆（亲和银行总行第 3 次扩改建计算机楼）

地址：长崎县佐世保市岛濑町 10-12　结构：SRC 结构

层数：地下两层，地上十一层　建筑面积：9000 平方米

设计：白井晟一研究所　施工：竹中工务店

竣工：1975 年

长崎县

1975年至1982年是日本后现代派建筑的摸索期，虽然此时现代派褪去了主角光环，但作为样式的后现代派建筑仍未确立。让我们从这一时期的建筑开始吧。首先来探访白井晟一的大作——怀霄馆。

怀霄馆是位于长崎县佐世保市的亲和银行总行的计算机楼，"怀霄馆"是设计者为其取的别名。亲和银行总行是按照白井的设计依次改建而成的，1期和2期分别竣工于1967年和1969年。随着银行业务的电子化，3期怀霄馆于1975年落成，但在此之后，由于计算机室转移到其他建筑中，目前，这里并未放置大型计算机。

初次探访的建筑爱好者会目瞪口呆吧，亲和银行总行竟然是连接着商店街的拱廊而建的，也因此令人难以一览建筑的全貌。幸运的是，怀霄馆就在道路的尽头，因此可以从蜿蜒的小路上观赏到它的全貌。

怀霄馆仿佛是中世纪欧洲的城堡建筑。建筑整体被粗糙的碎石覆盖。

在贯穿正面的狭缝般的开口部下方有一个很大的入口，上方用拉丁语写着"闪光的不一定是金子"。这是引用了古罗马诗人普布留斯·奥维第乌斯·纳索的名言。喜欢20世纪70年代摇滚乐的读者，应该知道齐柏林飞艇的名曲《通往天堂的阶梯》中也化用了这个句子。

进入内部后，首先来到天井式门厅，这里的设计也非常厉害。贴装石灰华的墙壁、烤漆的青铜窗框、长绒地毯……各类不同素材的使用，使整个空间具有一种珠光宝气的感觉。

在其他楼层，贵宾室的露台上看似随意设置的希腊式柱头、全景休息室倾斜的墙壁等，处处都能欣赏到白井独有的怪诞设计。令人印象特别深刻的是电梯，内部一片漆黑，所以无法用照片呈现给各位。

否定进步的末日世界观

怀霄馆作为白井的代表作经常被提及。当时的许多建筑杂志也做了大篇幅的报道。人们对其高度评价的理由，首先是高昂的工程费；其次，在材料的选择方面，设计者能够按照自己的想法尽情发挥。但是，原因不止于此。

现代派全盛期的建筑家们相信世界会更美好。并且，他们相信自己就肩负着引领世界前进的责任。但是，那一时期也有极少数已经意识到世界正走向没落的建筑师。白井晟一便是

A 面向拱廊而建的总行1期（1967年，前）与2期（1969年，后）|B 从紧邻的大楼屋顶看到的怀霄馆全景|C 天井式门厅。墙壁贴装石灰华|D 会议室入口。墙壁的材质是仿造天然岩石的人造石|E 员工食堂的门。墙壁是曲面的，因此门也不是平面而是曲面的|F 在面向贵宾室的石庭（以石头为主体构成的庭院）一般的露台上，设置的希腊式柱头|G 舰桥形顶层露天休息室。从窗户可以观赏海景

其中之一。

白井于1955年发表"原爆堂（核爆炸纪念堂）计划"，这是作为收藏丸木夫妇绘制的《原爆图》的美术馆而作的构思，其平面采用蘑菇云的造型。1971年竣工的白井自宅——虚白庵，据说在规划阶段就被设计者称作"原子弹爆炸时代的防空洞"。而1974年竣工的诺亚大厦，尽管是用于租赁的办公楼，但几乎没有窗户，外形如同墓碑一般。从这些作品中，人们能感受到否定进步的末日世界观。

白井被视为现代派建筑的大家，但明显是异端。然而进入20世纪70年代后，其作品逐步与时代相呼应。高速经济成长期结束，严重的公害问题、石油危机带来的能源不足等问题日益显现，白井式的末日思想席卷了整个社会。

20世纪70年代中期的"世界末日"

这一点可以从以下例子中看出端倪，在出版界，有《日本沉没》（小松左京，1973年）、《诺查丹玛斯大预言》（五岛勉，1973年）等畅销书，有杂志《从末世开始》（1973—1974年）发行；在电影界，《驱魔人》（1974年在日本上映）这类讲述神秘现象的电影掀起了热潮；电视上，动画《宇宙战舰大和号》（1974年）对地球毁灭开始了倒计时。20世纪70年代中期的人们，虚拟体验过世界末日。

基于这一时代背景，再重新审视怀霄馆，它被石材覆盖的坚固外装，可能是为了在毁灭性的大灾难中自保吧。

为了守护什么？恐怕不是人类自身，而是储存在计算机中的人类记忆。向幸存下来的子孙传达信息——这才是这座建筑被赋予的使命。让我们尽情想象吧。

不过，这次宫泽先生的插画反而非常明快，与本人的结论完全相反呢。白井建筑的妙处也在于可以作出各种解释吧，还请各位见谅。

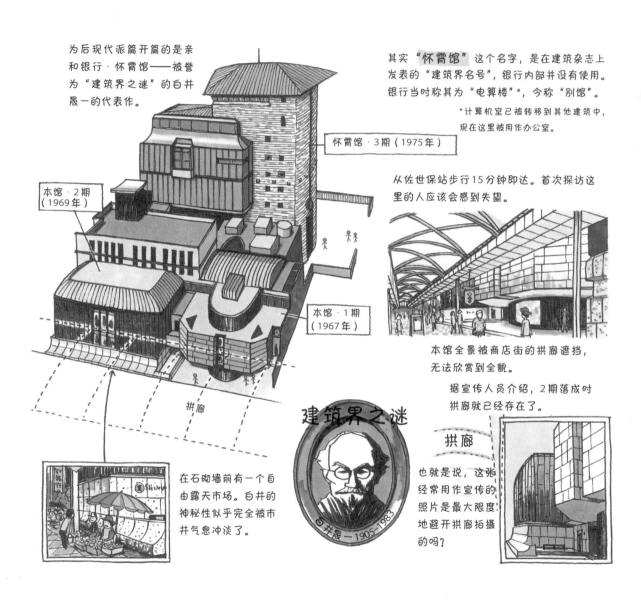

为后现代派篇开篇的是亲和银行·怀霄馆——被誉为"建筑界之谜"的白井晟一的代表作。

其实 "怀霄馆" 这个名字，是在建筑杂志上发表的"建筑界名号"，银行内部并没有使用。银行当时称其为"电算楼"*，今称"别馆"。

*计算机室已被转移到其他建筑中，现在这里被用作办公室。

怀霄馆·3期（1975年）

本馆·2期（1969年）

本馆·1期（1967年）

拱廊

从佐世保站步行15分钟即达。首次探访这里的人应该会感到失望。

本馆全景被商店街的拱廊遮挡，无法欣赏到全貌。

据宣传人员介绍，2期落成时拱廊就已经存在了。

拱廊

在石砌墙前有一个自由露天市场。白井的神秘性似乎完全被市井气息冲淡了。

建筑界之谜

白井晟一 1905-1983

也就是说，这张经常用作宣传的照片是最大限度地避开拱廊拍摄的吗？

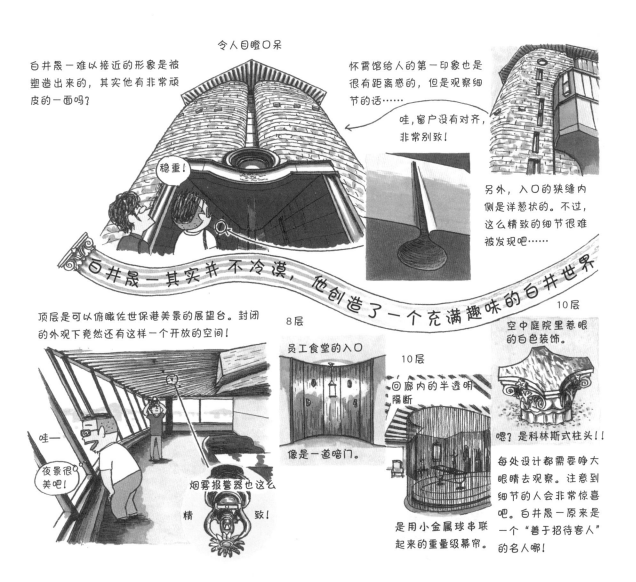

令人目瞪口呆

白井晟一难以接近的形象是被塑造出来的，其实他有非常顽皮的一面吗？

怀霄馆给人的第一印象也是很有距离感的，但是观察细节的话……

哇，窗户没有对齐，非常别致！

稳重！

另外，入口的狭缝内侧是洋葱状的。不过，这么精致的细节很难被发现吧……

白井晟一其实并不冷漠，他创造了一个充满趣味的白井世界

顶层是可以俯瞰佐世保港美景的展望台。封闭的外观下竟然还有这样一个开放的空间！

8层

员工食堂的入口

10层

空中庭院里惹眼的白色装饰。

哇——夜景很美吧！

10层

回廊内的半透明隔断

像是一道暗门。

嗯？是科林斯式柱头！！

烟雾报警器也这么精致！

是用小金属球串联起来的重量级幕帘。

每处设计都需要睁大眼睛去观察。注意到细节的人会非常惊喜吧。白井晟一原来是一个"善于招待客人"的名人哪！

1976

回家吧

千叶县

千叶县立美术馆

地址：千叶市中央区中央港 1-10-1　　结构：RC 结构、部分 S 结构

层数：地下一层、地上两层　　建筑面积：10663 平方米（1 期至 4 期合计）

设计：大高建筑设计事务所　　施工：竹中工务店

竣工：1 期（展厅栋）1974 年、2 期（管理栋）1976 年、3 期（县民画室）1980 年、4 期（第 8 展厅等）1988 年

这座美术馆以收集、展示与千叶县有关的美术作品，振兴地区的美术活动为宗旨，于1974年开馆。两年后，管理栋落成，主要部分完工，之后又依次增建了县民画室（1980年）、第8展厅（1988年）等。

建筑的设计者是大高正人。他是前川国男手下的领衔人物，是日本建筑界走在现代主义阵营前列的建筑家。20世纪60年代，大高正人作为新陈代谢派的成员活跃于建筑领域。从美术馆展厅以格子状排列进行增建的结构中，也能窥见新陈代谢派试图将成长与变化融入建筑的思考方式。

但是，这座建筑的外观设计与大高以往的作品大相径庭。墙壁被瓷砖覆盖，红茶色在庭院草坪的映衬下格外显眼。尤其令人印象深刻的是，其上方架设的用石板瓦铺成的屋顶。为了隐藏展厅中央的高侧窗采光而向外延伸的屋顶，形成了"家型"。"家型"是架设三角形屋顶的建筑形式。这座建筑的屋顶端部做了切削处理，并将方形排列组合，在传统的双坡屋顶上也下了不少功夫。

美术馆与高125米的千叶港塔相邻。从港塔的展望台俯瞰，美术馆的屋顶非常美观。港

塔于1986年落成，但大高从20世纪60年代末便参与了千叶港周边的整修计划。或许美术馆的屋顶也是以将来可以从港塔上观赏为前提设计的吧。

"家型"的起源

在介绍这座建筑的《新建筑》1976年10月号上，附了一篇由大高执笔的言辞激烈的文章《把平屋顶赶出去吧！》。

从"屋顶花园"作为勒·柯布西耶提出的现代建筑五原则之一这一点，就可以发现"平屋顶"是现代派建筑的重要组成元素。大高的老师前川国男，在战前的帝室博物馆设计竞赛中，在所谓的帝冠样式占据上位的情况下，提出了平屋顶方案而落选。也因为这个插曲，前川受到了战后建筑评论家的高度评价。平坦的屋顶是现代派建筑的象征和骄傲。

回顾20世纪60年代大高的作品，有一些已经可以看出对屋顶的设计了。例如，在花泉农业协同组合会馆（1965年）的平屋顶上，就点缀了一个袖珍的方形屋顶。不过这些建筑的平屋顶始终是主角，置于其上的斜屋顶不过是配角。但是，千叶县立美术馆之后，大高的

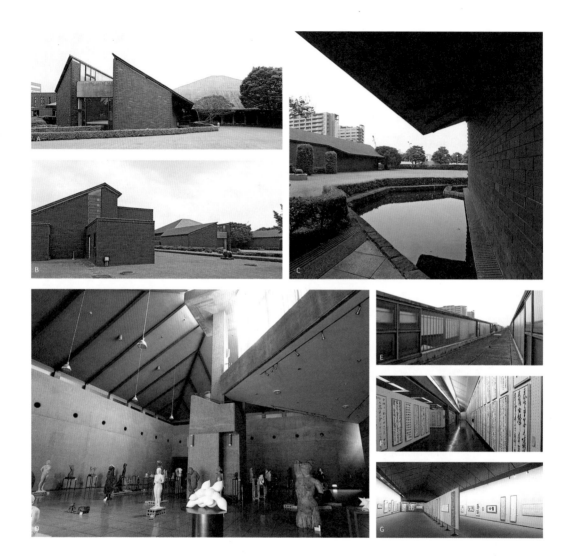

A 从庭院望向第6展厅栋。右手后方的方形屋檐下是第7展厅 | B 左侧是增建于1980年的县民画室栋，内部设有讲堂和实践活动室 | C 位于第5展厅栋与第6展厅栋之间的庭院。屋顶的多处屋檐向外延伸，在墙壁上投下影子 | D 拥有高天井、大空间的第7展厅。自然光从西南侧的上部进入室内。这里主要展示雕刻作品 | E 从展厅的屋顶望向两侧的高侧窗采光 | F 第5展厅内部。柔和的自然光透过高侧窗进入室内 | G 1988年增建的第8展厅。这个房间未采用高侧窗采光

作品全部架设着倾斜的大屋顶。筑波新都市纪念馆（1976年，P188）、群马县立历史博物馆（1980年）、福岛县立美术馆（1984年）就是典型的例子。

这一倾向亦可见于其他现代派建筑家。新陈代谢派的盟友菊竹清训在黑石Holp馆（1976年）、田部美术馆（1979年）等作品中尝试了双坡屋顶和四坡屋顶。老爷子前川国男也终于为弘前市的绿咨询所（1980年）架设了斜屋顶。甚至当时的年轻建筑家坂本一成、长谷川逸子等人，也开始以"家型"为主题设计住宅。另外，"家型"也与美国建筑家罗伯特·文丘里、意大利建筑家阿尔多·罗西等海外建筑家的动向相呼应，成为后现代派建筑的标志。

近年来，在年轻建筑家之间，"家型"再次受到关注，形成一股潮流。不过其源头是要追溯到20世纪70年代的。在那个时代，是什么唤起了人们对"家型"的关注？

家是一个罗曼蒂克的梦

在"日本列岛改造论"闹得沸沸扬扬的1972年，住宅业界掀起了第三次公寓热潮。在那一时期，以合理的价格就可以在郊外建一栋公寓。公寓从市中心的高级住宅转化为平民住宅也是在这一时期。多摩新城等大规模公寓社区的开发进展顺利。大高也着手设计了广岛基町长寿园的高层公寓。

这些公寓并没有架设倾斜的屋顶。也就是说，20世纪70年代，许多人住进了没有屋顶的房子。

另外，不少与之相关的热门金曲诞生。小坂明子的《你》（1974年，小坂明子作词、作曲）将想象中与爱人在一起的幸福生活谱成了歌曲，开头便唱道"如果我盖了一座房子"。这里的"家"，作为一个罗曼蒂克的梦登场了。虽然对建筑要素的具体描写只有大窗户、小巧的门和旧暖炉这三点，但这个房子一定有一个三角形的屋顶。

现实住宅中的"家型"在逐渐消失，而家又作为理想的世界出现了。想回去但又回不去，就像阿卡狄亚（牧歌般的乐园）一样。这一时期的建筑家，在"家型"中寄托的是否也是同样的情感呢？其实，站在美术馆的庭院里，静静地望着这座建筑，就会被一种莫名的幸福感包围。

说到大高正人，他与菊竹清训、黑川纪章等人共同引领了新陈代谢运动。

大高正人
1923 年生于福岛县，东大研究生毕业后，进入前川国男事务所，1962 年独立。

但不可否认的是，与菊竹、黑川相比，大高的知名度略低。
（通过这次调查，我才知道了大高的长相。）

回顾本阶段的建筑巡礼，这已经是第四次收录大高正人的作品了（包括Mido同人会的作品）。其实，大高才是登场次数最多的建筑家。

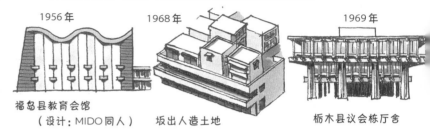

1956 年
福岛县教育会馆
（设计：MIDO同人）

1968 年
坂出人造土地

1969 年
栃木县议会栋厅舍

这些都是建筑史上的杰作。但是，为什么大高的成就很少被提及呢？可能是因为20世纪70年代后半期之后，他的作品风格发生了巨大转变吧。其转折点就是这座千叶县立美术馆。

千叶县立美术馆是写给新陈代谢派的诀别信，还是向和风新陈代谢派迈出的第一步？

分散在开阔草坪上的大屋顶展厅群。

纤薄的屋檐夸张地向外延伸，投下了深邃的阴影。好酷！

泰斗风范……

真的出自同一人之手？……

第 1 至第 6 展厅的截面是这样的。

自然光

大高正人于 2010 年去世。

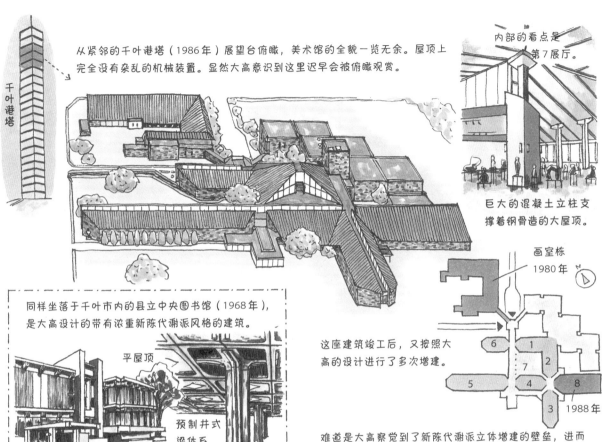

千叶港塔

从紧邻的千叶港塔（1986年）展望台俯瞰，美术馆的全貌一览无余。屋顶上完全没有杂乱的机械装置。显然大高意识到这里迟早会被俯瞰观赏。

内部的看点是第7展厅。

巨大的混凝土立柱支撑着钢骨造的大屋顶。

画室栋 1980年

同样坐落于千叶市内的县立中央图书馆（1968年），是大高设计的带有浓重新陈代谢派风格的建筑。

平屋顶

预制井式梁体系

8年后，杂志上介绍县立美术馆时，大高写道——《把平屋顶赶出去吧！》。欸？
这篇文章简直是在宣布他要从现代主义或新陈代谢派转向。究竟发生了什么？谁能来解释一下！

这座建筑竣工后，又按照大高的设计进行了多次增建。

	6		1	
		7	2	
5		4		8
		3		1988年

难道是大高察觉到了新陈代谢派立体增建的壁垒，进而尝试水平展开的新陈代谢派手法吗？为了探究这种可能性，才规定自己只采用斜屋顶吗？

纯属宫泽的个人臆想。

纪念馆于1976年落成，同年大高正人发表檄文《把平屋顶赶出去吧！》（参考P183）。位于同一公园内的体育馆也可以一并观赏

[体育馆] 地址：茨城县筑波市二之宫 2-20 洞峰公园内　结构：RC 结构·部分 S 结构　层数：地上两层

建筑面积：6591 平方米　设计：大高建筑设计事务所　施工：地崎工业　竣工：1980 年

[纪念馆] 地址：茨城县筑波市二之宫 2-20 洞峰公园内　结构：RC 结构、S 结构　层数：地上一层

建筑面积：708 平方米　设计：大高建筑设计事务所　施工：地崎工业　竣工：1976 年

筑波新都市纪念馆
洞峰公园体育馆

无法回归的平屋顶

1976 1980

大高建筑设计事务所

茨城县

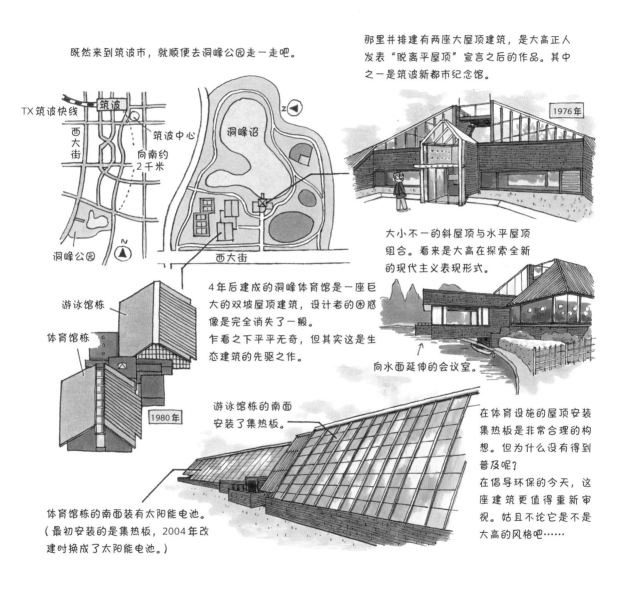

既然来到筑波市，就顺便去洞峰公园走一走吧。

那里并排建有两座大屋顶建筑，是大高正人发表"脱离平屋顶"宣言之后的作品。其中之一是筑波新都市纪念馆。

TX筑波快线　筑波

西大街

筑波中心

向南约2千米

洞峰沼

洞峰公园

西大街

1976年

大小不一的斜屋顶与水平屋顶组合。看来是大高在探索全新的现代主义表现形式。

游泳馆栋

体育馆栋

4年后建成的洞峰体育馆是一座巨大的双坡屋顶建筑，设计者的困惑像是完全消失了一般。
乍看之下平平无奇，但其实这是生态建筑的先驱之作。

向水面延伸的会议室。

1980年

游泳馆栋的南面安装了集热板。

在体育设施的屋顶安装集热板是非常合理的构想。但为什么没有得到普及呢？
在倡导环保的今天，这座建筑更值得重新审视。姑且不论它是不是大高的风格吧……

体育馆栋的南面装有太阳能电池。
（最初安装的是集热板，2004年改建时换成了太阳能电池。）

临摹平面时，发现它的造型近似图形。近似图形的概念首次出现于1975年。设计者是在知道这一概念的情况下，才将四周全部设计成了锯齿状吗？

1977

顺路拜访

近似图形一般的建筑

小牧市立图书馆

设计：象设计集团　施工：飞岛建设　竣工：1977年

地址：爱知县小牧市小牧 5-89　结构：RC 结构　层数：地上两层　建筑面积：2224 平方米

爱知县

象设计集团

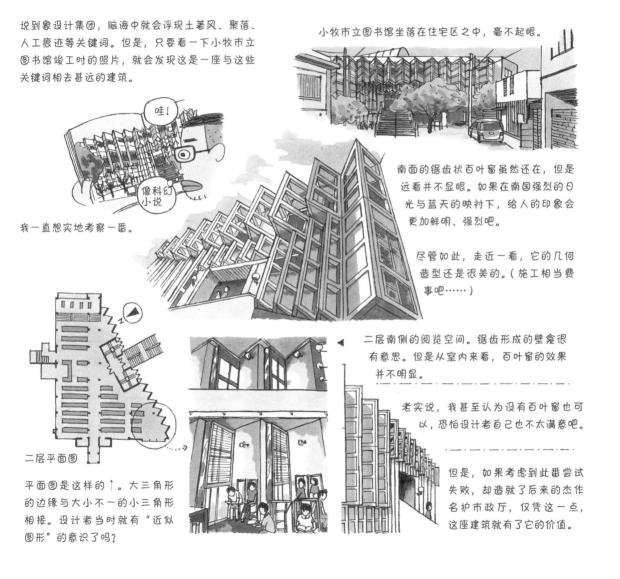

说到象设计集团，脑海中就会浮现土著风、聚落、人工痕迹等关键词。但是，只要看一下小牧市立图书馆竣工时的照片，就会发现这是一座与这些关键词相去甚远的建筑。

哇！

像科幻小说

我一直想实地考察一番。

二层平面图

平面图是这样的↑。大三角形的边缘与大小不一的小三角形相接。设计者当时就有"近似图形"的意识了吗？

小牧市立图书馆坐落在住宅区之中，毫不起眼。

南面的锯齿状百叶窗虽然还在，但是远看并不显眼。如果在南国强烈的日光与蓝天的映衬下，给人的印象会更加鲜明、强烈吧。

尽管如此，走近一看，它的几何造型还是很美的。（施工相当费事吧……）

二层南侧的阅览空间。锯齿形成的壁龛很有意思。但是从室内来看，百叶窗的效果并不明显。

老实说，我甚至认为没有百叶窗也可以，恐怕设计者自己也不太满意吧。

但是，如果考虑到此番尝试失败，却造就了后来的杰作名护市政厅，仅凭这一点，这座建筑就有了它的价值。

秋田县

1978

时代错误的魔法

大江宏建筑事务所

角馆町传承馆（角馆桦细工传承馆）

地址：秋田县仙北市角馆町表町下丁 10-1　结构：RC 结构、部分 S 结构　层数：地下一层、地上两层
建筑面积：2148 平方米　设计：大江宏建筑事务所　结构：青木繁研究室　设备：森村协同设计事务所
展厅：Uni-Design House 三轮智一　施工：大林组　竣工：1978 年

享有"东北小京都"美誉的秋田县角馆町，现在与周边的町村合并，成为仙北市的一部分。这里拥有久负盛名的传统工艺品——用山樱树皮制成的桦细工。角馆町传承馆作为展示以桦细工为代表的地域名产与民俗资料的设施，于1978年开馆，现已更名为仙北市立角馆桦细工传承馆。

馆址位于武家宅地集中的重要传统建筑群地区的中央地带。穿过结构气派而又古老的大门进入馆区，就会发现那里弥漫着一种令人怀念的魅力，但其中矗立着的，是在其他地方不曾见过的奇妙建筑。屋顶的轮廓使人联想到架设稻草屋顶的古民宅，但砖墙却是西洋风格的。而且，上面还设有像丽佳娃娃屋一样的拱形窗户。屋前列柱林立，使人联想到多雪地区的大街上常见的雁木造[1]。走近仔细一看，支撑房檐的细圆柱是由预制混凝土制成的。

从入口进入，环绕内部参观，虽然展厅普通，但最后抵达的观光导览大厅却是一个由众多拱形房架组合而成的国籍不明的空间。被展厅栋环绕的中庭也类似西班牙建筑中的帕提欧式中庭。

在这座建筑中，和与洋、过去与现在被细腻地融合在一起。

如果重视作为博物馆的功能而设计这座建筑的话，这里会是几座并排的类似四方形纸箱的现代派建筑吧。而如果考虑到周围的武家宅地，采用纯粹的和风建筑风格的话，应该能与环境很好地融为一体。但是，这座建筑的设计者却别出心裁。究竟为什么会建造这样一座不可思议的建筑呢？

传统与现代主义的"并存混杂"

这座建筑的设计者是大江宏。他曾在东京帝国大学学习建筑，与丹下健三是同窗。作为建筑家独立后，大江宏设计了后来其担任工学系系主任的法政大学校舍（1953年、1958年），作为现代主义的代表创作者成名。

然而，追溯大江的出身，就会发现他是在渗透了日本传统建筑的环境中成长起来的。其父大江新太郎是负责营建明治神宫、修缮日光东照宫的建筑家。在成长阶段，大江汲取了丰厚的建筑素养。

他将学习到的本领运用在20世纪60年代以后的作品中。例如，香川县立文化会馆（1965

---

1 雁木造指在降雪量较大的地区，商店街前设置的挡雪用的檐廊。

A 从面向武家宅地大街的大门望向玄关 | B 从展厅栋二层俯视回廊环绕的中庭。这里在冬季被用作堆雪场所 | C 从回廊望向中庭 | D 观光导览大厅的屋顶似乎是在模仿稻草屋顶 | E 支撑屋檐的立柱是由预制混凝土制成的 | F 展厅里展示着桦细工名作与当地的民俗资料 | G 观光导览大厅内部附设茶室

年）便是钢筋混凝土主体与日本木造建筑的混搭之作。建在不远处的丹下健三的作品香川县厅舍（1958年），是将日本的传统美吸收、合并至现代主义之中，而不同的是，在文化会馆中，传统与现代主义彼此不相动摇地并存着。大江将这种建筑形式称为"并存混杂"（或"混杂并存"）。

几乎与此同时，美国建筑家罗伯特·文丘里、意大利建筑家阿尔多·罗西等人发表了倡导重视历史文脉的建筑论，人们开始尝试遵循这一理论进行实践创作。这被认为是所谓的后现代派建筑的开端。可以说，大江与这些先驱者不谋而合。

探寻建筑的原型

20世纪70年代，现代派转向后现代派的潮流不仅限于建筑领域，更是成为一股席卷整个社会、文化的浪潮。这种变化亦可以解释为时间感的差别。

在现代主义的时代，人们相信世界会变得更好，且认为时间是由过去到未来的单向流动。然而，在后现代主义的时代，过去与未来并不相连。

为了让各位理解时代背景，我以乔治·卢卡斯导演的《星球大战》为例。虽然这部电影后来成了系列作品，但第一部《星球大战》是于角馆町传承馆竣工同年在日本上映的。

回想一下影片开头的场景吧。伴随约翰·威廉姆斯的著名交响曲，银幕上的文字逐渐向后方移动，直至消失。我们看到"A long time ago in a galaxy far, far away"。

也就是说，这部电影讲述的是很久以前在遥远的银河系发生的故事。虽然机器人和宇宙飞船等未来的科技产物在狭小的银幕上飞来飞去，但那个时代已经成为过去。这是一种刻意将时代加以误读的态度，从中，我们可以发现创作者将时光交错（混淆不同时代的概念）的意图。

《星球大战》的成功之处在于，它摆脱了以往科幻电影的严肃主题，如提出世界所面临的问题或预测即将到来的未来等，还原了电影本身具有的动作片的趣味性。过去般的未来，未来般的过去。这种混乱让每位观众乐在其中，且形成了一种共同体验。

大江宏是否与卢卡斯有着同样的追求，即探寻不受时代与地域限制的建筑原型？这个问题的答案之一，就是这座不可思议的建筑混合体——角馆町传承馆。

这次我们久违地来到了矶桑推荐的巡礼地。

你知道大江宏吗？

好像有点印象？

和风那位？

说到后现代派，那就是角馆町传承馆了！

角馆？

大江宏
1913—1989

建筑世家　名门品格

1938年毕业于东京帝国大学建筑专业，代表作为普连土学园（1968年）、国立能乐堂（1983年）等。其父是建筑家大江新太郎。

顺便一提，角馆在这里。

青森

秋田　盛冈

角馆

山形

传承馆位于武家宅地大街。从街上望过去，建筑融于景色之中，非常和谐。

但是，进入馆区后，就会发现这里确实不是一般的和风。

玄关是红砖拱门。

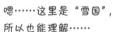

嗯……这里是"雪国"，所以也能理解……

四周林立的预制圆柱怎么看都与"和"不沾边。

这里是哪一国？

特别是环绕中庭的回廊，像是为了欣赏列柱而存在的空间。

从和室里看到的景象非常不可思议。

檐廊对面是希腊

观光导览大厅的仿稻草屋顶……

实际上是金属稻草

室内采用欧洲民宅风格。这里是欣赏拱形的房间吗？

洋 和

中森明菜的「DESIRE-情热」风

但是，它并没有想象中"媚俗"的感觉。因为"和"的根基很牢固吧。大江的父亲新太郎曾任明治神宫的营建技师，是和风大家。遗传自父亲的"和DNA"不会因为一点"异物"而动摇。

—〈 这里也不要错过！〉—

位于传承馆附近的平福纪念美术馆也出自大江之手，于1988年落成。

美术馆
武家宅地大街
传承馆

观赏这座建筑，会让人深刻感受到后现代派在这10年间的发展。

这里也有回廊

看来设计者是想超越"折中"，创造出新的样式。

如今在这里，只有双坡屋顶还保留着和风的影子。

年过七十的大江，向"和DNA"的解体发起了挑战。看似细腻，实则大胆。

但还是传承馆更吸引我，因为自己是日本人？大江先生，对不起！

1978

光滑与粗糙

谷口吉生·五井设计共同体
—— 石川县

金泽市立图书馆（金泽市立玉川图书馆）

地址：金泽市玉川町 2-20　结构：RC 结构、部分 S 结构　层数：地下一层、地上两层
建筑面积：6340 平方米　综合监修：谷口吉郎　设计：谷口吉生·五井设计共同体
施工：大成建设·冈组建设共同体　竣工：1978 年

金泽市立图书馆位于稍稍偏离金泽市中心街区的一座公园内。这里曾经建有专卖公社的办公楼。建于1913年的部分工厂经过保存改建，作为古文献馆使用。在其旁边，以相互贯通的形式新建的建筑就是这座图书馆。

图书馆的设计由谷口吉生与当地的五井建筑设计研究所合作完成。另外，谷口吉郎的名字出现在监修负责人一栏。说到谷口吉郎，他是设计秩父水泥第二工厂（1956年）、东京国立近代美术馆（1969年）的建筑家。他出身金泽市，在市内还有石川县美术馆（1959年，现石川县传统产业工艺馆）等其他几件作品。众所周知，吉郎与吉生是父子关系，但在二人生前落成的合作作品仅此一处。吉郎去世后落成的合作作品有斋藤茂吉纪念馆（1967年、1989年增建）、东京国立博物馆（东洋馆1968年、法隆寺宝物馆1999年）。

说起来，听到谷口吉生这个名字，有些人会感到意外吧？谷口作为一贯打造上乘现代派建筑的建筑家而广为人知，设计出土门拳纪念馆（1983年）、丰田市美术馆（1995年）等。这本讲后现代派建筑的书，为什么会收录他的作品呢？这是因为在我们看来，这座图书馆很好地反映了后现代派摸索期的状况，甚至现代派建筑家向后现代派靠拢的状况。

围绕质感的对立

图书馆与古文献馆（现为近世史料馆）隔着狭窄的甬路状空地比邻而立。两座建筑的外观形成了鲜明的对比。古文献馆的红砖造外墙耐人寻味，而图书馆则利用Cor-ten钢（耐候钢）与玻璃的组合，展现出光滑的外观。其平滑程度令人惊叹，仿佛在追求产品设计的精度。

光滑的外观是20世纪70年代的建筑潮流之一。说到海外作品可以立刻联想到贝聿铭设计的约翰·汉考克大厦（1973年）、诺曼·福斯特设计的威利斯·费伯和杜马斯总部（1975年）、西萨·佩里设计的太平洋设计中心（1976年）等。日本也有丹下健三设计的草月会馆（1977年）、叶祥荣设计的Ingot咖啡厅（1978年）等范例。上述作品的特点均在于不暴露框架，如抽象雕刻一般的表面整体覆盖着镜面玻璃。

这样的外装可以说是现代派的极致表现吧。在建筑界推行现代主义的建筑家菲利普·约翰逊，在与H.R.希契科克合著的《国

A 由烟草工厂改建而成的古文献馆（照片前方）与图书馆本馆。本馆外装为Cor-ten钢 | B 两座建筑通过镶嵌玻璃的通道相连 | C 从中庭望向古文献馆。中庭的墙壁内侧铺贴了条砖形瓷砖（外侧为Cor-ten钢）| D 南侧中庭。开架区域（右）与管理区域所夹的空间内架设着被漆成绿色的横梁 | E 利用曲面开口部隔出来的开架区域 | F 从室外望向南侧的中庭。仅入口部分的墙壁被挖空，做成了门的形状 | G 连接开架区域与二层参考资料室的楼梯 | H 从连接开架区域与管理区域的廊桥处，透过玻璃望向中庭

际风格》（1932 年）一书中设置了"表面材料"一章，主张平滑的贴装与表面的连续性是建筑应当追求的品质。书中推荐的材料包括粉饰灰泥、胶合板、大理石、金属板等，但对于他们二人而言，使窗户与墙壁界线完全消失的玻璃外装应该是最理想的。实际上，在那个时期，约翰逊正在设计潘索尔大厦（1976 年）等整体包裹着玻璃幕墙的建筑。

但是，这种建筑也受到了批判。明治大学教授神代雄一郎在《新建筑》杂志 1974 年 9 月刊上发表的评论《向巨型建筑抗议》中，列举了当时已经落成的超高层大厦和大剧场，控告其非人性。但他也判定同是超高层建筑，并贴装条砖形瓷砖的东京海上大楼（前川国男设计，1974 年）是"优秀的建筑"，而采用玻璃幕墙的新宿三井大厦（三井不动产·日本设计事务所设计，1975 年）是"令人反感的建筑"。

他还评价了砖墙砌筑的仓敷常春藤广场（浦边镇太郎设计，1974 年）和 NOA 大厦（白井晟一·竹中工务店设计，1974 年），称这两座建筑实现了"建筑与人的对话"，因此受到人们的喜爱。

这篇评论引发了一场关于巨型建筑的争论，但问题的症结似乎并不在于规模的大小，而在于材料的质感。在 20 世纪 70 年代的建筑界，在现代派与后现代派的对立出现之前，便上演了光滑与粗糙的纷争。

"戴佳娜风格"的后现代派

回到谷口吉生设计的金泽市立图书馆的话题上来。从四周观赏的话，它给人的印象确实是光滑的。但是，不能把它和现代派建筑混为一谈。建筑中庭的地面和墙壁上，大量使用了与古文献馆同款的砖材。也就是说，这座建筑外侧光滑，内侧粗糙，其后现代性便体现于此。

需要注意的是，"粗糙"并不等于后现代主义（反而应该是前现代主义吧）。判断标准是这样的，如果光滑与粗糙这两种矛盾的质感，共存于一面墙壁的内外两侧，这种强行的混搭才是后现代主义的精髓。

这座图书馆竣工的同年，钟表制造商西铁城推出了同时具有电子显示与指针显示功能的"戴佳娜"手表。作为"戴佳娜风格"的后现代派建筑，我想给予它更高的评价。

金泽市立（玉川）图书馆／近世史料馆是
谷口吉郎、谷口吉生父子生前第一件也是
最后一件合作作品。

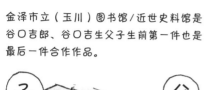

子　父

[图书馆]
谷口吉生与当地的五井建
筑设计研究所合作完成。

[史料馆]
根据谷口吉郎的外观设计，由
烟草工厂的一部分改建而成。
吉郎担任项目的整体监修。

在实地探访之前，看到外观照片时产
生了这样的疑惑："为什么会采用对比
如此鲜明的设计？"

对父亲的逆反心理？

与样式建筑的对抗？

但是，一步入中庭，便会瞬间明白这不是出于逆反心理或对抗心理。

原来是这样的设计理念啊。

图书馆两处中庭
的地面与墙壁使用了
砖材，营造出与史料馆统一的
整体感，并非简单的引用。绿色带有开
孔的钢骨梁与曲面的玻璃幕墙突出了砖材的存
在感。还栽种了树木，令人心情舒畅！

近世史料馆

中庭

图书馆

中庭

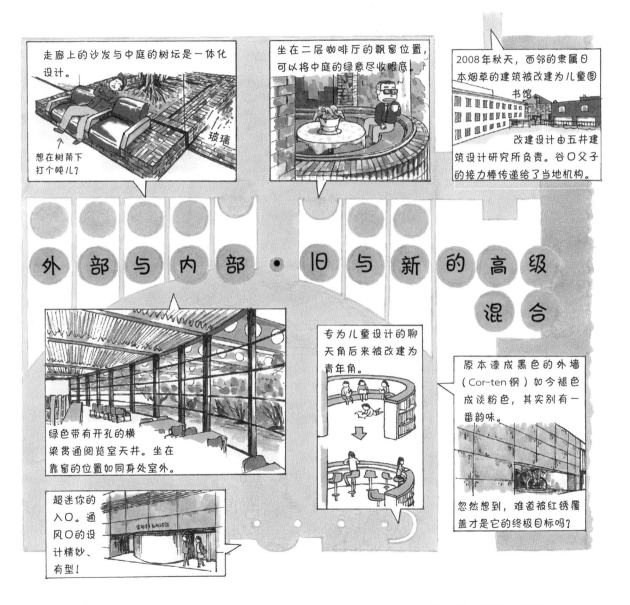

走廊上的沙发与中庭的树坛是一体化设计。

想在树荫下打个盹儿？

玻璃

坐在二层咖啡厅的飘窗位置，可以将中庭的绿意尽收眼底。

2008年秋天，西邻的隶属日本烟草的建筑被改建为儿童图书馆。

改建设计由五井建筑设计研究所负责。谷口父子的接力棒传递给了当地机构。

外 部 与 内 部 · 旧 与 新 的 高 级 混 合

绿色带有开孔的横梁贯通阅览室天井。坐在靠窗的位置如同身处室外。

专为儿童设计的聊天角后来被改建为青年角。

原本漆成黑色的外墙（Cor-ten 钢）如今褪色成淡粉色，其实别有一番韵味。

忽然想到，难道被红锈覆盖才是它的终极目标吗？

超迷你的入口。通风口的设计精妙、有型！

1980

涩谷的黑洞

涩谷区立松涛美术馆

建筑面积：2027平方米　设计：白井晟一研究所　施工：竹中工务店　竣工：1980年

地址：东京都涩谷区松涛2-14-14　结构：RC结构　层数：地下两层、地上两层

东京都

白井晟一研究所

厚重的入口仿佛有卫兵伫立，相当厉害。但更引人注目的是中央的室内中庭。虽然上部有光线进入，但仍旧昏暗。光线都去了哪里呢？

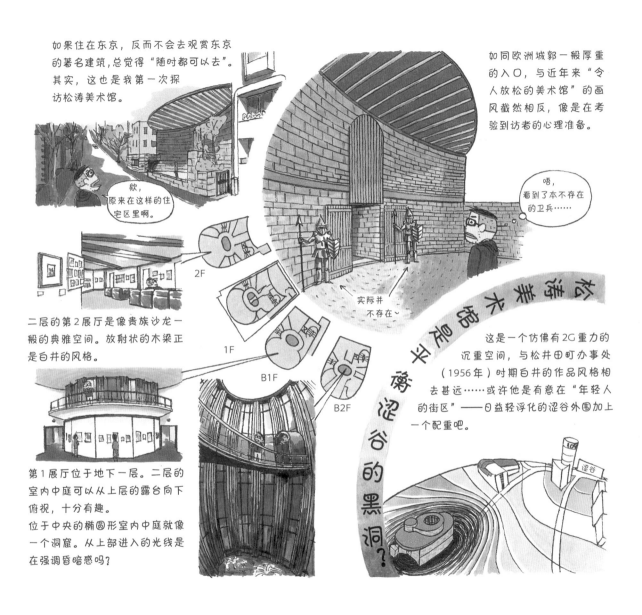

如果住在东京，反而不会去观赏东京的著名建筑，总觉得"随时都可以去"。其实，这也是我第一次探访松涛美术馆。

欸，原来在这样的住宅区里啊。

如同欧洲城郭一般厚重的入口，与近年来"令人放松的美术馆"的画风截然相反，像是在考验到访者的心理准备。

唔，看到了本不存在的卫兵……

实际并不存在

二层的第2展厅是像贵族沙龙一般的典雅空间。放射状的木梁正是白井的风格。

2F

1F

B1F

B2F

第1展厅位于地下一层。二层的室内中庭可以从上层的露台向下俯视，十分有趣。
位于中央的椭圆形室内中庭就像一个洞窟。从上部进入的光线是在强调昏暗感吗？

松涛美术馆是平衡涩谷的黑洞？

这是一个仿佛有2G重力的沉重空间，与松井田町办事处（1956年）时期白井的作品风格相去甚远……或许他是有意在"年轻人的街区"——日益轻浮化的涩谷外围加上一个配重吧。

涩谷

1981

在品尝塔可饭的同时

Team ZOO
（象设计集团 +Atelier Mobile）

名护市政厅

冲绳县

地址：冲绳县名护市港 1-1-1　结构：SRC 结构　层数：地上三层　建筑面积：6149 平方米　设计：Team ZOO（象设计集团 +
Atelier Mobile）　结构设计：早稻田大学田中研究室　设备设计：冈本章·山下博司 + 设备研究所　家具设计：方圆馆
施工：仲本工业·屋部土建·阿波根组 JV　竣工：1981 年

名护是冲绳本岛北部，名为"山原"地区的中心城市。

1978年市政厅建设之际，举办了公开设计竞赛。也是因为距离上届日本国内正式的设计竞赛已有十年之久，因此来自日本的参赛队伍多达308支，最终拔得头筹的是象设计集团与Atelier Mobile组成的"Team ZOO"。这是一个年轻的团体，主要由从建筑家吉阪隆正的事务所独立出来的成员组成。从举办竞赛的8年前，他们就多次造访冲绳，持续进行聚落调查。在名护附近的今归仁村，他们承担了中央公民馆的设计，在冲绳留下了建筑作品。

引入海风，为建筑降温

市政厅就建在海边。北侧的广场之外是大片的住宅区。从那边观赏的话，建筑呈阶梯状缩进，突出的地方架设着蔓藤花架状的屋檐。茂盛的九重葛攀附在建筑上，落下的影子越发浓重。

这个半室外空间被命名为"阿萨吉露台"。"阿萨吉"是冲绳聚落中神明降临的场所，通常没有墙壁，架设着方形的屋顶。设计者将这一形式引入了厅舍设计。

外装采用的是冲绳建筑中广泛使用的混凝土砌块。两种颜色的组合形成了条纹图案。历经竣工以来的岁月更迭，不免有些褪色。

绕到背面的国道一侧，三层以下的主立面垂直而立。上面安置着56尊狮子像。狮子像是冲绳人设置在家宅中用以辟邪的塑像。据说，这座建筑中的狮子像，是请县内各地的狮像创作者每人制作了一尊。

再仔细观察南侧的主立面，就会发现好几处开口。那是南北贯穿建筑的通风道入口，这种结构能让凉爽的海风由此吹入内部，利用自然的力量为建筑降温。尽管冲绳属于亚热带地区，但这座建筑并没有配置机械式空调。

遗憾的是，这个被称作"风之道"的自然通风系统目前并未使用，因为这里已经装上了空调设备。但这并不意味着设计者强行加入的设计失败了。20世纪70年代末期，冲绳市内几乎没有配置空调的建筑，"无冷气设备"也是当时的设计纲要。但是如今，无论是房子还是汽车，没有安装空调的更少见。如果社会的需求发生了如此程度的改变，先进的节能设计失去用武之地也是无可奈何的事吧。

反复出现的阿萨吉、"增殖"的狮子像、

A 从西栋的三层俯视阿萨吉露台 | B 向南凸出的坡道。花纹砌块是当地制造的 | C 一层柜台周围。"风之道"贯穿天井 | D 装饰着琉球玻璃的通道内景 | E 阿萨吉露台的部分区域内放置了桌子和长椅 | F 三层会场内部 | G 当地陶艺家协力打造的室外地面装饰 | H 西栋屋顶上的绿化草坪

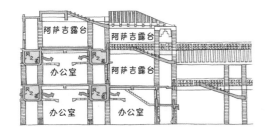

利用条纹图案强调混凝土砌块——这座建筑将冲绳的地域色彩表现得淋漓尽致。

作为批判性地域主义的范例

的确，在这一时期，"地域"成了建筑界的一大主题。在名护市政厅落成的同年，还出现了"批判性地域主义"这样的名词。

推广这个名词的是任教于美国哥伦比亚大学的建筑史学家肯尼斯·弗兰姆普敦。他在1985年版本的《现代建筑》一书中，增加了"批判性地域主义"一项，并收录了符合这一概念的建筑，如丹麦建筑家约恩·乌松、西班牙建筑家里卡多·波菲尔、葡萄牙建筑家阿尔瓦罗·西扎、瑞士建筑家马里奥·博塔等人的作品。另外，他还举出了安藤忠雄作为日本的代表。

这个术语的特色是将"批判性"作为前

缀，强调其有别于一般的民俗设计。例如，弗兰姆普敦从安藤的建筑中领会到了"在普遍的近代化与异种土著文化的夹缝中感受到的紧张感"。但是，现在回过头来看，更符合这个概念的应该是Team ZOO设计的名护市政厅吧。

例如，作为建筑特征的混凝土砌块这种材料，是战后由美军引进的制造设备生产，作为军队设施与住宅用建材普及开来的。也就是说，在设计名护市政厅时，这种建材只有30多年的历史。然而，设计者将它选作表现地域性的材料。对他们而言，地域性不是预先被赋予的，而是新发现的。

何为冲绳风格？

说到表现冲绳个性的建筑，还是当地建筑家的作品更易于理解。笔者脑海中浮现的是金城信吉等人为1975年冲绳海洋博览会设计的冲绳馆（现已不存）。这座临时展览厅采用了红瓦、狮子像、影壁（立在冲绳民宅前的石砌屏壁）等元素，更为直接地体现了冲绳风格。

与这样当地建筑家的作品相比，名护市政厅是现代感十足的。如果除去外侧的各类装饰，这座建筑就是由立体格子连接而成的。没

冲绳拥有首里城等9处世界遗产。如今，其他国家的现代建筑也逐步被认定为世界遗产，因此，笔者极力推荐将**名护市政厅**作为冲绳的第10处候选遗产。

从风格上，看不出建筑的历史不足30年。比这个↓更像遗产？

2007年被认定为世界遗产

悉尼歌剧院1973年

杰作！

古代遗迹？

从西栋的三层望向东栋

首先令人震惊的是北侧"阿萨吉露台"周围植物的生长势头，那里仿佛是侏罗纪公园。

恐龙要出现了

坡道

别栋

东栋

阿萨吉露台

阿萨吉露台

增建

西栋

不太为人所知的是，西栋的屋顶上有一个草坪。

是为了隔热吗？

在"屋顶绿化""墙面绿化"等词语普及开来的20年前，居然有像这样引入植物的建筑……

错，就是表征现代主义的那种格子。

另外，设计团队由吉阪隆正的门生组成，吉阪曾在勒·柯布西耶手下工作，因此名护市政厅可以说是现代主义的直系建筑。

说到现代主义，就是以"国际风格"之名举办过展览会、坚实地站在以世界标准化为目标的全球主义那一边，与地域主义相对。但是，在名护市政厅内部，全球主义与地域主义发生了碰撞。这种冲突是理解名护市政厅的关键，也是其被作为批判性地域主义范例的原因。

更进一步说，如果这座建筑让人感受到冲绳风格，难道不正是因为这种矛盾的存在吗？批判性地域主义的杰作诞生在冲绳这片土地上绝非偶然。

而且，回顾历史，经常有不同的势力介入冲绳。冲绳兼具度假胜地的乐园形象与杀气腾腾的军事据点这两个侧面。

对于生活在冲绳的人而言，这无疑是一个令人烦恼的状况。但这也是孕育冲绳独特文化的原动力。融合民谣与摇滚的喜纳昌吉的音乐（《你好，大叔》）是其代表，美国南部料理与日式料理混搭在一起的塔可饭也算是特色之一吧。

据说，这道地方美食诞生于20世纪80年代，如今普及开来，不仅在冲绳，在日本全国连锁的牛肉盖饭餐馆都能吃到。但可能不合肯尼斯·弗兰姆普敦的口味吧。

市政厅南侧的门面是 56 尊狮子像。

从西南侧仰视

巨大的坡道打破了立面的单调。这么长的坡道，真的有人使用吗？就这样观察了一番……

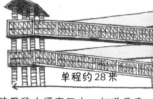

单程约 28 米

使用的人还真不少。邮递员直接骑着摩托车上去，让我吃了一惊……

56 尊狮子像由 56 名工匠制作而成，形态各异。为小朋友或参观者制作一本"狮像导览"的话，一定很有意思。宫泽对下面这几位很感兴趣！

名护市政厅
狮像导览

潮人狮

亲子狮

大背头（？）狮

斗牛犬狮

地球守护狮

损坏的狮？

顺便一提，竞赛阶段的方案中并没有狮子像，坡道也不像现在这样突出。

竞赛方案

虽然呈现出几何美感，但稍显不足。

办公区最初没有配置空调，但现在已经安装上了。

照明上方混凝土悬臂的部分最初是粉白条纹样式的。

会场位于三层。虽然中央设有天窗，但空间并没有想象中那么特别。

空调

不知为何变成了黄色。

柜台是希腊风格的。

会场最初就配置了空调

空调

室外通道摆放着盆栽和生活用品。

竣工时的气势已经褪去，进入自然状态的

霸气

威胁

悠哉

狮像建筑

待命中的电风扇。空调"解禁"前的四五个月内会派上用场。

想象图

洗衣机

水槽

二层的阿萨吉露台还设有洗涤处，有一种住宅般的生活感。

尽管安装了空调，但并不意味着这座建筑失去了魅力。倒不如说，竣工时的气势褪去后，在自然状态下被使用的样子更令人喜爱。"狮像建筑"脱离了创造者的双手，开始独立前行。

顺路拜访

1982、1989

从神秘到科幻

钏路渔人码头 MOO

弟子屈町屈斜路阿伊努部落民俗资料馆

毛纲毅旷建筑事务所

[资料馆] 地址：北海道弟子屈町屈斜路市街 1 条通 11 番地先　结构：RC 结构　层数：地下一层、地上一层　建筑面积：394 平方米　设计：毛纲毅旷建筑事务所　施工：摩周建设　竣工：1982 年

[MOO] 地址：钏路市锦町 24 内　结构：RC 结构、部分 S 结构　层数：地下一层、地上五层　建筑面积：16029 平方米　设计：北海道日建设计＋毛纲毅旷建筑事务所　施工：FUJITA+鹿岛＋户田建设＋村井建设＋龟山建设 JV　竣工：1989 年

北海道

据说，弟子屈町的资料馆是以发现自阿伊努部落的建筑宇宙原型为框架的。探访钏路周边，可以了解到毛纲宇宙观的变迁

弟子屈町屈斜路コタン
アイヌ民俗資料館

在钏路周游毛纲的"宇宙"

钏路是毛纲建筑的聚集地。如果要住上一晚的话，就去稍远的屈斜路湖走走

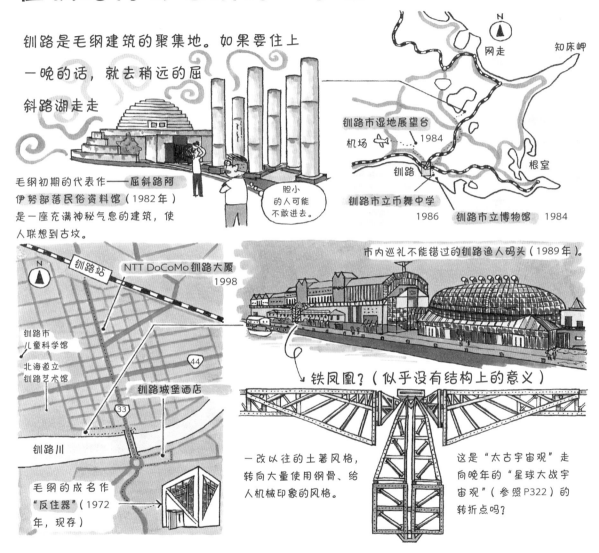

毛纲初期的代表作——屈斜路阿伊努部落民俗资料馆（1982年）是一座充满神秘气息的建筑，使人联想到古坟。

胆小的人可能不敢进去。

机场

钏路市湿地展望台 1984

钏路市立币舞中学 1986

钏路市立博物馆 1984

钏路

网走

知床岬

根室

N

钏路站

NTT DoCoMo 钏路大厦 1998

钏路市儿童科学馆

北海道立钏路艺术馆

钏路城堡酒店

钏路川

毛纲的成名作"反住器"（1972年，现存）

市内巡礼不能错过的钏路渔人码头（1989年）。

铁凤凰？（似乎没有结构上的意义）

一改以往的土著风格，转向大量使用钢骨、给人机械印象的风格。

这是"太古宇宙观"走向晚年的"星球大战宇宙观"（参照P322）的转折点吗？

1982

意想不到的 A 级娱乐建筑

新宿 NS 大厦

层数：地下三层、地上三十层　建筑面积：166768 平方米　设计：日建设计　施工：大成建设　竣工：1982 年

地址：东京都新宿区西新宿 2-4-1　结构：S 结构（四层以上）、钢管立体桁架（大屋顶）

—— 东京都

日建设计

即便现在参观这座建筑，笔者依旧会仰望室内中庭直到脖子发酸。据说，空中走廊是林昌二力排众议得以实现的

笔者在进入建筑领域之前，曾被两座建筑打动。其一是上小学时，从巴士上看到的代代木第二体育馆。

好酷！

它的剪影让小学生也瞬间感受到了"力量的流动"。

其二就是大学时代参观的新宿NS大厦。不过，我对这座建筑的外观几乎没有印象。

东京新鲜人宫泽

好朴实的大厦。

令我感动的是贯穿一层至顶层（三十层）的巨大室内中庭。"本以为是低预算的B级电影，结果是顶级娱乐大片。"被外表欺骗的感觉真好！

哇！

从空中走廊（二十九层）俯瞰室内中庭的设计，完全捕获了我这个东京新鲜人的心。

室内中庭的装饰和外墙很相似（铝波纹板），仿佛是一座城中城，十分有趣。

电梯井上方是云朵形的会议室。

原广司的风格？

但是，一直让人捉摸不透的是与内部明显不同的朴实外观。通过这次调查，我才找到了答案。据设计团队的林昌二介绍，原本计划将屋顶做成"活动桥"风格，外墙用"金银双色"区分。唔，也有点期待这版设计……

隆盛期

1983—1989

1983 年，筑波中心大厦落成。

这座建筑毫不掩饰地引用了多座著名建筑，是后现代派建筑的里程碑之作。

与此同时，被称作"野武士"的年轻建筑家，以迥异的风格完成了备受瞩目的作品。

可以说，日本的后现代派建筑由此进入了隆盛期。

这些视觉效果极为强烈的建筑引爆了话题，但来自守旧派的非难也愈演愈烈。

现代派与后现代派的对立状态，随着泡沫繁荣的到来，逐渐向后现代派一方倾斜。

与此同时，以新锐设计而闻名的海外建筑家陆续加入。

日本也成了海外建筑家的梦想国度。

1983

"逗哏"的秘诀

矶崎新工作室

茨城县

筑波中心大厦

地址：茨城县筑波市吾妻 1-10-1　结构：SRC 结构、RC 结构、S 结构　层数：地下两层、地上十二层

建筑面积：32902 平方米（竣工时）　设计：矶崎新工作室　结构设计：木村俊彦构造设计事务所

设备设计：环境 Engineering　施工：户田·飞岛·大木·株木建设 JV　竣工：1983 年

从东京秋叶原乘坐筑波快线快速列车45分钟——2005年，这条新线路开通后，来往筑波变得十分便捷。从筑波站出来，跨过人行过街桥，很快就到达了目的地。

筑波中心大厦是一座集酒店、餐饮、银行、音乐厅等于一体的综合设施。建筑呈L形布局，环绕其中的一层平台上有一座椭圆形的公共广场。

这座庭院仿照了米开朗琪罗设计的罗马卡比托利欧广场（16世纪中叶），形状和大小都一致，只不过将地面装饰图案的黑白两色进行了对调，山丘上的广场倒转成了下沉式庭院。中央的骑马像由一座喷泉代替。

外墙上随处可见的圆柱与棱柱交错堆砌的柱式，使人联想到勒杜设计的阿尔克－塞南皇家盐场（1779年）的锯齿形立柱。高层栋采用西方建筑原理的三段式构图。除此之外，由于采用了多种西方建筑的手法，这座建筑被认为是引用历史建筑样式的后现代派建筑的代表作。

但是，在后现代派建筑潮流早已成为往昔的今天，再来重新审视这座建筑，首先会注意到它的现代性。

暂时填补虚无的建筑

例如，立方体这一主题图案被执拗地反复运用在墙面的分割、开口部、音乐厅休息室的天井等处。这是矶崎在群马县立近代美术馆、北九州市立美术馆等20世纪70年代的作品中使用的方法。当时的矶崎通过让建筑回归由立方体连接的三维网格，意图斩断美学、政治等诸多因素对建筑的影响。也就是说，立方体意味着虚无。

这样看来，筑波中心大厦的设计是否也采用了这种手法呢？但是，保持虚无的状态是很困难的。一旦有外面的空气进入，真空状态很容易就会被打破。矶崎称，他被暗中要求用象征国家的建筑来填补筑波这片虚无。因为筑波是一个国家项目，用来疏解东京过密的首都功能，而这座建筑正是该项目的重点设施。

但是，矶崎拒绝了这个要求。作为暂时填补虚无的建筑，他选择了与日本毫无关联的欧洲历史建筑。用Capitolino（卡比托利欧广场的别名）代替Capitol（国家的中心），可能是矶崎的设想吧。

A 目光越过仿卡比托利欧广场的公共广场望向酒店栋。这里最初是筑波第一酒店，如今筑波大仓先锋酒店在此经营 | B 俯瞰公共广场。我们获得许可后，从酒店十一层的露台拍摄 | C 体现出音乐厅（新星厅）休息室位置的南侧主立面的一部分 | D 酒店的主立面由立方体、锯齿形立柱、梦露曲线等拼贴而成 | E 强调透视法的酒店大厅楼梯 | F 大宴会厅内部的舞台仿照了粗圆柱和山墙 | G 大宴会厅休息室的浮雕由大理石镶嵌水磨石绘制而成

"推拉之道"

在筑波中心周边漫步，就会发现从北部约1千米处的松见公园瞭望塔（菊竹清训设计），到音乐厅的休息室，广场和街道都处在同一条直线上。这种与城市设计融为一体的感觉，也是这座建筑的特征之一。

筑波新城市是在20世纪60年代规划的。由于现代主义的延伸，城市也成为设计对象。从线形延伸的城市结构、利用人行过街桥实现人车分离的规划中，可以看出当时的设计手法。呈锁链状布局的干线道路，也与丹下健三提出的《东京规划1960》中的构想十分相似（矶崎也作为工作人员参与其中）。

但是，东京的功能转移进展甚微，人口也没有如期增长。城市中心区的建设进展缓慢，筑波中心大厦周围也很难被称为中心街区，这里持续弥漫着寂寥的氛围。而时间已是20世纪70年代末。现代城市设计的有效性被打上了问号。

在这种情况下，筑波中心大厦设计完成，令人意外的是，它与周边的城市设计非常契合。前面提到的城市轴线的引入是如此，人行过街桥的材料直接沿袭周围地面的砖材也是如此。对于现代城市的穷途末路，这座建筑表现出了超出必要的顺应姿态。

此外，矶崎还引用了实际存在的矫饰主义建筑，建造了在近代城市设计中也被认为起到重要作用的广场。用这样的方法，矶崎对现代主义中确立的相应设计理念进行了嘲讽。

20世纪80年代，这样的态度作为一种风格被推崇。回想起来，当时掀起了新学术主义的热潮，发起者浅田章在筑波中心大楼竣工同年发行的畅销书《结构与力》（劲草书房）中写道："在深入构建关系、全面投入对象的同时，要毫不留情地推开、切断、摒弃对象……简单来讲，就是所谓的'推拉之道'吧。"

用漫才做比的话，就是"找碴儿"先配合"耍笨"荒唐的模样[1]，然后再吐槽，即"逗哏"的秘诀吧。邀请人气漫才组合Taka and Toshi来这边吐槽一句"你是洋人吗"，如何？

1· 漫才类似中国的对口相声，其中一人是较严肃的"找碴儿"角色，另一人是较滑稽的"耍笨"角色。

本次的巡礼地是筑波中心大厦。

实物却整洁漂亮得让人有点扫兴。

←由于看到过几次这样的形象画，所以想象中的外观是有些脏兮兮的，但没想到……

← 闪闪发亮的抛光砖

完全不像"废墟"……更像刚竣工的建筑。

这座设施由酒店、音乐厅、商店街（步行商业街）等构成，利用椭圆形广场（一层）与人工地基（二层），使各类功能立体地结合在一起。

人工地基上的一整排玻璃块圆柱，看不清里面，这到底是什么？

正确答案：用作一层采光的圆柱天窗。

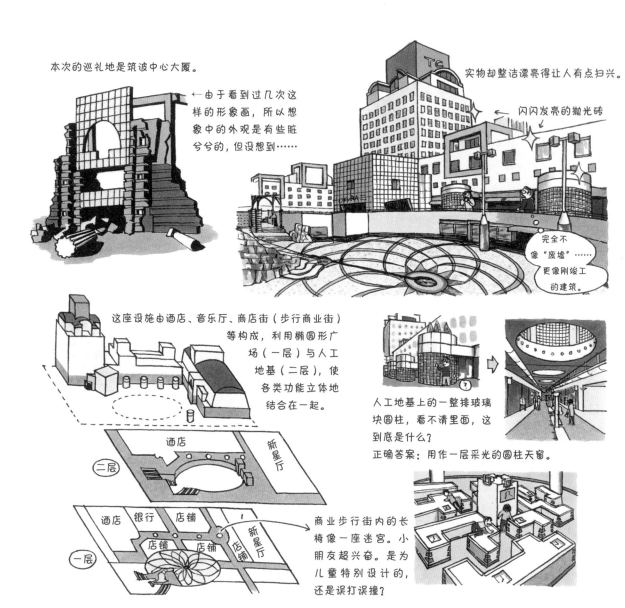

二层

酒店　新星厅

一层

酒店　银行　店铺　店铺　店铺　新星厅

商业步行街内的长椅像一座迷宫。小朋友超兴奋。是为儿童特别设计的，还是误打误撞？

这座建筑中引用了多种"样式"。例如，它采用了3段式构图的立面。

顶部
中部
底部

新古典主义的锯齿形立柱。

椭圆形广场引用了罗马的卡比托利欧广场（只不过，图案的黑白两色对调了一下）。

满是"引用"的设计

大量的引用，与其说是在游览，不如说像是在答建筑知识考卷。

哈哈哈，到这上面来！

大音乐厅休息室的墙壁上，描绘着各个时代的立柱和古迹。

酒店的员工讲了一件有趣的事情。

欸？

广场的瀑布造型源自霞浦湖。

考察参观者能力的圈套？

在这座建筑中，除了每个人都能看到的一面，或许还有仁者见仁、智者见智的另一面。

现实 世界

平行 世界

千真万确！俯瞰的话，确实很像霞浦湖！外行可能会对这个知识点印象深刻吧。

很普通嘛。

欣喜的样子

不愧是矶崎。

宫泽你以后也会懂的。

1983

马赛克·日本

石井和纮建筑研究所

直岛町公所

香川县

地址：香川县香川郡直岛町 1122-1　结构：SRC 结构　层数：地上四层　建筑面积：2184 平方米　设计：石井和纮建筑研究所
结构设计：松滨宇津构造设计室　设备设计：建筑设备研究会　施工：大成建设　竣工：1983 年

从冈山县的宇野港乘渡轮20分钟，便抵达了直岛的宫浦港。迎接我们的是直岛海之站——由SANAA（妹岛和世＋西泽立卫）设计、于2006年落成的轮渡码头。近年来，直岛作为"艺术与建筑之岛"而享有盛名，很多游客慕名而来。

以农业、渔业与铜精炼厂为基础发展起来的直岛，改变面貌的契机是1992年开馆的倍乐生之家博物馆。它的设计者是安藤忠雄。之后，安藤还打造了倍乐生之家Oval（1995年）、南寺（1999年）、地中美术馆（2004年）等多座建筑。

说到直岛的代表建筑家，那就是安藤忠雄。这种联想在现在看来无可非议，但在20世纪80年代以前，这里的代表建筑家一直是石井和纮。

其最初的作品是直岛小学（1970年）。作为东京大学吉武泰水研究室的一员，石井承担了这座建筑的设计工作，竣工时他年仅26岁。后来他又陆续设计了直岛幼儿园（1974年，难波和彦合作设计）、直岛町民体育馆/武道馆（1976年）、直岛中学（1979年）等。继这些建筑之后，石井接到了町公所的设计委托。

直岛町公所位于岛内巴士线路沿途。周围分布着利用民宅打造的艺术作品"家计划"。因此，许多游客看到了町公所，却未驻足观赏。然而，这座建筑才是堪称后现代派巡礼圣地的纪念碑式建筑。

极尽引用之能事的建筑

直岛町公所虽然是四层钢筋混凝土结构，却伪装成了一座传统的和风建筑。外观架设着非左右对称的奇特屋顶，其实仿照了京都西本愿寺内的飞云阁，后者是与金阁、银阁并列的京都三名阁之一。在这里，这一国宝级茶室建筑被完全临摹了下来。

不仅是整体造型，它的窗户引用了京都角屋的楣窗及盐尻堀内家的拉窗、拉手等，围墙引用自伊东忠太设计的筑地本愿寺，外楼梯源自荣螺堂，走廊的墙壁源自辰野金吾设计的旧日本生命九州支社，会场采用折上格天井，诸如此类，建筑的各个部分是以实际存在的著名建筑为主题的。

据说，采用和风是町里的意向，石井起初有些苦恼，但后来他一股脑儿地搜集来了茶室、民宅、近代建筑等从古至今的日本建筑作为回

A 仿飞云阁的瞭望楼 | B 南侧主立面。外墙为科洛尼亚式贴装 | C 东侧墙面上的窗户。扇形窗源自角屋，最右端的窗户引用自日本生命北陆支店（辰野金吾设计）| D 外部楼梯以荣螺堂为原型 | E 围墙引用自筑地本愿寺（伊东忠太设计）| F 采用折上格天井的会场内景。正面源自帕拉第奥设计的奥林匹克剧院 | G 町民会馆。左侧的缓弧形柜台用于接待町民 | H 二层旧餐厅前的走廊墙面引用自日本生命九州支社（辰野金吾设计）

应。也可以说，这座建筑是仅引用日本建筑建成的。

除这座町公所外，石井还多次使用引用的手法。例如，风转之家（1984年）源自国会议事堂，两岸公寓（1983年）源自皇后区大桥与金门大桥，牛窗国际交流会馆（1988年）引用自三十三间堂。

被发挥到极致的是名为同代人之桥的住宅（1986年），其中拼贴了石山修武、毛纲毅旷、伊东丰雄等对石井而言也算竞争对手的13位建筑家的作品。建筑家是为了创造具有个人风格的新建筑而不懈奋斗的一类人，但现在看来，石井对这一点完全没有执念。

用"文本间性"理论对后现代主义思想产生影响的语言学家茱莉亚·克里斯蒂娃，在其著作《符号学》中这样写道："每个文本把它自己建构为一种引用语的马赛克，所有文本无外乎是对另一文本的吸收与变形。"对石井而言，建筑就是克里斯蒂娃概念中的文本，是引用的马赛克。

日本建筑的后现代性

引用是后现代派建筑的重要手法。采用这一手法的建筑家不止石井一人。本书中收录的筑波中心大厦（1983年，P220）的设计者矶崎新就是其中的代表人物。二人最大的区别在于，矶崎刻意避免了将日本建筑作为引用对象，而石井却热衷于此。

矶崎回避的原因或许是他察觉到了象征性地表现日本建筑的危险性。而在石井看来，把它们当作模仿作品来展示也无妨。并且，为了看上去更像模仿作品，他将日本建筑作为单薄的图像提取出来，再将大量的图像粗暴地整合在一起。

于是便诞生了这座町公所，它将日本的传统作为后现代派建筑加以重构。此外，这座建筑还给予观者另一个启示。这里所使用的引用手法，正是茶室建筑中的传统做法"临摹"。也就是说，所谓的日本建筑原本就是后现代性的。

但是，这一看法与现代派建筑家以桂离宫等建筑为例，认为日本建筑原本就接近于现代主义的看法是相似的。在如何面对日本传统的问题上，现代主义与后现代主义其实是顺畅地接续起来的。

日本后现代派隆盛期的象征——直岛町公所。首先，我们来找出构成其外观的主要"模仿对象"吧。

东

北

两侧楼梯间给人的印象类似歌舞伎座。

上部的构造源自京都西本愿寺的飞云阁（国宝）。

龙宫？

南

安全梯引用自荣螺堂。 一层东侧的窗户引用自第一银行神户支行（辰野金吾设计）。

楼梯开口部的轮廓源自仁和寺的宝相华莳绘宝珠箱（国宝）这个没看出来！

从古建筑、样式建筑到工艺品，简直是日本设计的大拼盘。但为什么不像日本风格呢？

做成单色的话，看起来就像和风了。难道问题出在色彩和材料质感上吗？

穿过"进船水道"风格的避风室后，便来到了町民会馆。

町民会馆给人的印象出乎意料的雅致。是石井克制了自己，还是被克制了？

最有趣的是会场，一个令人眼花缭乱的"采样空间"。

折上格天井

帕拉第奥风格

武家窗

衲缝麻叶形图案

后现代室内装饰的杰作！不能参观学习真是太可惜了。

原本不属于那里的东西却出现了。这就是现代艺术吗？

如今，直岛作为"现代艺术之岛"，前来造访的游客络绎不绝。其象征是草间弥生的作品。

2009年夏季开放的"I LOVE温泉"（大竹伸朗设计）也很有人气。

原本不属于那里的东西却出现了。如果这是现代艺术的条件的话……

为什么巨型南瓜会出现在海岸上？

尤其受到女士喜爱 →

为什么大象会出现在澡堂里？

不可思议

不酷了

好厉害啊！

这座直岛町公所简直就是一件现代艺术品。在旅游手册上加以详细解说的话，喜欢艺术的姑娘就会蜂拥而至了吧。

1984

伟大的业余爱好者

石山修武 +DAM-DAN 空间工作所

静冈县

伊豆长八美术馆

地址：静冈县贺茂郡松崎町松崎 23　结构：SRC 结构、部分 RC 结构、S 结构　层数：地上两层　建筑面积：435 平方米（竣工时）
设计：石山修武 +DAM-DAN 空间工作所　施工：竹中工务店、日本泥瓦工匠业组合联合会店　竣工：1984 年

本次我们来到了西伊豆的松崎町。在这个人口约8000人的小渔村里，坐落着伊豆长八美术馆。

伊豆长八指生于此地、活跃于江户末期至明治初期的著名泥瓦工匠入江长八。这座美术馆里展示着精美的镘绘作品，由浮雕状的灰泥画上色后制作而成。

建筑的设计者是石山修武。听闻这座设施的建设计划后，他在未受到委托的情况下，制订了建筑方案并将其发表在杂志上。他的构思和热情打动了当时的町长，因此被聘用为设计者。

美术馆于1984年开馆，作为吸引了众多游客的设施而大获成功。随后，作为附属建筑的露天剧场、民艺馆、收藏库等也由石山担任设计。此外，石山还持续参与了松崎町的城市建设，承担了桥梁和钟塔的设计等。

也因为这是展示泥瓦工匠作品的设施，所以建筑全面运用了泥瓦工匠的技术。外墙是白墙与海参墙的组合。中庭的墙壁上还运用了土佐灰泥这一罕见的泥瓦工匠技法。此外还运用了水刷石、穹隆天井面的灰泥雕刻等技术，建筑本身也成为泥瓦工匠技术的展示橱窗。据

说，施工是在日本泥瓦工匠业组合联合会的全面协助下进行的，奔赴现场的优秀工匠来自日本各地。

随着新型建材和施工方法的普及，像泥瓦工匠这样的传统工匠技术，如果没有得到传承就会断流。担心前景的呼声也越发高涨。在这种情况下，这座建筑集结了工匠的力量，展示了他们的技艺，也在重新评价传统工匠技术方面受到了人们的关注。

但是，建筑设计本身与传统相去甚远：曲面的主立面，强调透视法的梯形平面与截面，建筑中央架设着的穹隆形屋顶，像恐龙背鳍一样突出于表面的天窗。如果想展示泥瓦工匠的技术，可以借用类似仓库的建筑造型，但石山没有这样做。这是为什么呢？

托付给工匠的事

石山在大学时期隶属于建筑史研究室。研究生毕业后，他在全无设计工作经验的情况下开设了自己的事务所，并以幻庵（1975年）为代表，创作了将土木工程用的波纹管转用于住宅的系列作品。虽然这是一种从根源上重新追问建筑存在状态的尝试，但石山采用这种手

A 从正门前的大路观赏主立面 | B 毗邻美术馆、于1986年竣工的民艺馆的外观 | C 从露天剧场（1985年竣工）一侧望向美术馆。前方的建筑是1997年增建的收藏库 | D 隔着中庭望向入口 | E 从民艺馆一侧看到的美术馆侧面 | F 中庭墙壁的下部是海参墙，上部使用了土佐灰泥 | G 从楼梯俯视展厅。展品为入江长八的镘绘 | H 从出入口大厅一侧望向展厅。反向透视法产生了不可思议的效果

法的理由或许是，作为毫无经验的外行人做建筑，能够立即使用的技术也就是波纹管吧。

波纹管在建筑上的应用，有川合健二的自宅这一先例，石山本人也公开表示受其影响。川合也是一位自学天才，他自行收集资料掌握了最新的能源理论，并在丹下健三的建筑中出色地完成了设备设计。

除此之外，石山钦慕的对象也总有一种业余爱好者的感觉。例如，在英国销售墙纸，推广"优良设计"理念的威廉·莫里斯，他梦想着一个理想化的社会，在那里，普通人也能领悟到制造产品的乐趣。拥有富勒穹顶等众多划时代发明的巴克敏斯特·富勒也是如此。他究竟是一位建筑家还是结构工程师，是设备工程师还是产品设计师？归根结底，很难说他属于哪一类。

石山的作品无论是在技术方面还是造型方面，都与专业人士精炼打造的建筑处于对立两极。他是一位能感知业余人士作品魅力并为此投入热情的建筑家。

但是，在松崎设计伊豆长八美术馆时，他也犹豫过吧。这是他的首个公共建筑作品。难道就这样将"业余爱好者"的设计公之于众吗？在这个紧要关头，为他解围的正是泥瓦工匠的加入。把技术上的精炼托付给工匠，而石山自己得以继续以"业余爱好者"的身份，自由埋头于建筑设计。

超越精练的原始力量

20世纪70年代末至80年代初，音乐领域兴起了朋克摇滚、电子流行乐等全新音乐类型，直到昨天连乐器都没有碰过的外行音乐人站在了舞台上。另外在插画领域，汤村辉彦、渡边和博等人的作品大受赞赏，这些乍一看像孩童涂鸦一般毫无章法的作品，却有一种独特的魅力。

虽然现代主义的美学和技术在不断追求精炼，但却看不到尽头。能够突破极限的反而是业余爱好者的原始力量吧。基于这一观点的实践出现在各种领域，石山修武的作品就是其在建筑上的表现。

而且，同样不满足于装饰墙壁，后来踏入艺术世界的入江长八，在伟大的业余爱好者之中也算是前辈级的人物。作为展示其作品的场所，这座建筑再合适不过了。

伊豆松崎町因长八、海参墙闻名全日本。

传说中的 镶绘大师 入江 长八

海参墙

令松崎一举成名的就是这座长八美术馆。来自日本全国的2000名泥瓦工匠参与了建设。

天皇皇后两陛下御来馆記念 平成4年7月10日

1992年，天皇和皇后也到访过这里。

这座美术馆确实值得一看，但如果观察细节，就会发现很多让人捉摸不透的地方。

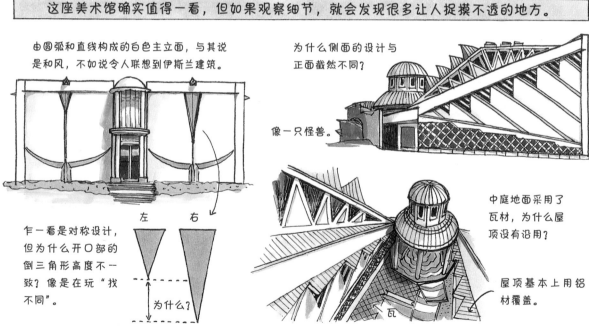

由圆弧和直线构成的白色主立面，与其说是和风，不如说令人联想到伊斯兰建筑。

乍一看是对称设计，但为什么开口部的倒三角形高度不一致？像是在玩"找不同"。

左 右

为什么？

为什么侧面的设计与正面截然不同？

像一只怪兽。

中庭地面采用了瓦材，为什么屋顶没有沿用？

屋顶基本上用铝材覆盖。

瓦

展厅

从接待处借用了放大镜

平面图像双筒望远镜。由于运用了反向透视法，很难画出平面图。

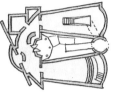

屋顶并非"家型"，但展厅的墙壁采用了家型装饰……真是别扭的设计表现。

这里是镙绘美术馆，但为什么装饰上没有使用镙绘？（本以为到处都是龙、凤之类的装饰）

唯一一处立体装饰是二层穹隆天井上飞舞的天仙。

在这里啊。

最大的疑惑是由同一位设计者在隔壁建造的民艺馆（1986年）的设计。

清水混凝土

镜面玻璃

为什么不是泥瓦工匠抹面？

通常不是这样吗？

不不，你太天真了。

长八美术馆是仿后现代派建筑？

观赏过同样位于松崎町的仿西洋风格建筑岩科学校（重要文化遗产）后，我好像解开了这些疑惑。

采用海参墙的仿西洋风格校舍（1880年）

仿西洋风格重在"仿"，与西洋风格是有区别的。在拱形窗户的内侧安装格子窗这处设计，让我感受到了木工师傅的反抗精神。

这样看来，或许长八美术馆并不是后现代派，而是仿后现代派？

1984

微观宇宙建筑

北海道

毛纲毅旷建筑事务所

钏路市立博物馆
钏路市湿地展望资料馆（钏路市湿地展望台）

[博物馆]　地址：北海道钏路市春湖台 1-71　结构：SRC 结构　层数：地下一层、地上四层　建筑面积：4288 平方米
设计：毛纲毅旷建筑事务所（初步设计）、石本建筑事务所＋毛纲毅旷建筑事务所（实施设计）
施工：清水建设＋户田组＋村井建设 JV　竣工：1984 年
[湿地展望资料馆]　地址：北海道钏路市北斗 6-11　结构：SRC 结构　层数：地上三层　建筑面积：1110 平方米　设计：毛纲
毅旷建筑事务所　结构设计：T&K 构造设计室　设备设计：大洋设备建筑研究所　施工：葵建设＋向阳建设 JV　竣工：1984 年

钏路市立博物馆

村上春树的畅销小说《1Q84》描绘了一个以1984年为分界，之后全然改变的世界。在现实的建筑界中，1984年也可以被视为一个巨大的转折点。本书中收录的石山修武设计的伊豆长八美术馆、木岛安史设计的球泉洞森林馆等日本后现代派建筑代表作陆续问世。本篇介绍的毛纲毅旷设计的两件作品也于同年落成。

钏路市立博物馆坐落在市内的春采湖畔，造型怪异，旁边是出自同一位设计者之手的钏路市立币舞中学（1986年，旧·东中学）。隔着湖水，两座并排而立的建筑犹如古代文明的圣地。建筑中央架设着变形的穹顶，外观左右对称，据毛纲称，这是风水中所讲的"金鸡抱卵形"，即鸡抱着蛋的姿态。实际上，建筑的右半部分是埋藏文化遗产调查中心，它早于博物馆6年落成。之后，博物馆一侧进行了增建，并经历了建成一体建筑的罕见建设过程。

博物馆内部展示着这一地区的自然和历史。虽然建筑上的亮点较少，但是上下连接三层展厅的双螺旋楼梯是建筑家的理念结晶，令人百看不厌。

同样竣工于1984年的钏路市湿地展望资料馆（现钏路市湿地展望台），坐落于钏路湿地国立公园内。这座建筑被认为是仿照了湿地野生植物的地下茎经历冰冻后隆起的"谷地和尚"的形状。二层的展厅仿佛是将裂缝扩展成圆形的空间，这种阶梯状的造型也出现在了一层和三层。虽然设施的面积不大，但空间的妙趣值得玩味。

钏路是毛纲的故乡。除了这两座建筑，毛纲在市内还留下了多件作品，如他母亲的住宅"反住器"（1972年）、钏路城堡酒店（1987年）、钏路渔人码头MOO（1989年）、湖陵高中同窗会馆（1997年）等。这些建筑在地图中被标注出来，做成了观光手册。由此可见，毛纲作为当地的名人，得到了大家的认可。

建筑本身即宇宙

宗教学家米歇尔·伊利亚德在1957年的著作《圣与俗》中批判了勒·柯布西耶的住宅论。对他而言，住宅"绝不是'居住的机器'。它是人类效仿被视为典范的众神的创造，效仿宇宙的开端而为自己创建的宇宙"。他认为建筑也是如此，即使规模再小，建筑本身也应该作为宇宙存在。

釧路市立博物馆

B

C

D

E

F

釧路市湿地展望资料馆

G

H

A 隔着春采湖，从西侧观赏釧路市立博物馆的全景 | B 东侧的外墙 | C 入口周围。外装采用了瓷砖和砂岩 | D 贯穿三层展厅的双螺旋楼梯。中央架设着拱桥 | E 设置于双螺旋楼梯周围的展厅 | F 有效利用了最顶层穹顶天井的展厅 | G 釧路市湿地展望资料馆的外观 | H 仰视位于二层的湿地复原空间的天井

相同的理念亦可见于毛纲的建筑。以他的代表作"反住器"为例。虽然呈现在眼前的是层叠状的三重立方体，但这是在暗示其外侧的大立方体、再外侧的更大的立方体，即嵌套状无限相连的立方体的存在。这座住宅是将广阔的宇宙按原型比例缩小的宇宙模型。

钏路市立博物馆也是一座层叠状建筑。不过它不是以立方体，而是以同心圆为主题，通过堆砌、排列、分割、正反翻转，将其组合成整体。在这里，部分与整体的对应也是明确设计过的。展厅的双螺旋楼梯模仿了DNA。从太古延续下来的宇宙记忆，作为传递给未来的遗传因子，被引入建筑之中。

至于湿地展望资料馆，毛纲解释其是在胎内穿行的感觉。所谓"胎内"，指的正是每个人在出生前体验的宇宙。

也就是说，毛纲的建筑中常贯穿的意图是"建筑本身即微型宇宙"。

新科学的流行

如今，几乎没有建筑家继承这种"宇宙＝建筑"的理念。也正因如此，现在的年轻人可以接受毛纲这种既不具功能性又不合理的神秘主义建筑理念，或许会让人感到奇怪。

但是，从20世纪80年代初的思想状况来看，这也并不奇怪。从西藏修行归来的中泽新一撰写了《西藏的莫扎特》（1983年），并成为新学究主义的旗手。以亚瑟·库斯勒和莱尔·沃森为代表的新科学也开始崭露头角。

这一时期所提倡的是否定还原主义，即否定将世界定义为由零部件拼凑起来的机器。这是一种系统论，部分并非只是整体的分割，部分本身就具有整体性。这种神秘主义的世界观与"宇宙＝建筑"论十分契合。毛纲设计的异形建筑绝不是建筑家的消遣之作，而是在表明一种全新的世界观。"不要被外表欺骗。所谓现实常常只有一个。"（《1Q84》中出租车司机所说的话）

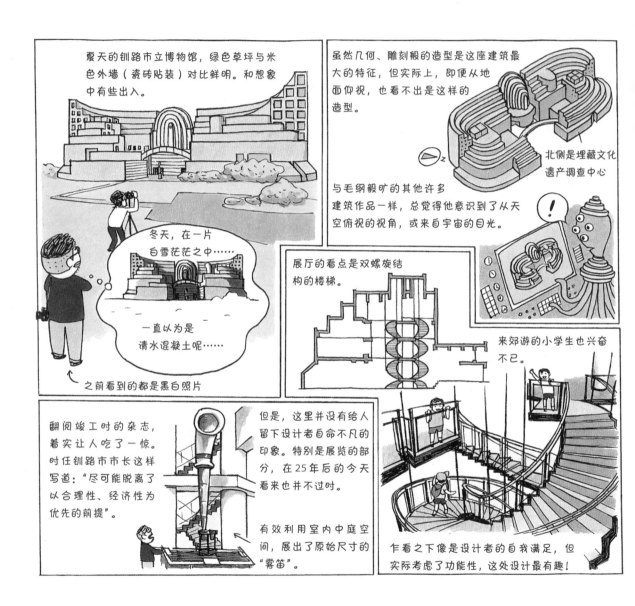

夏天的钏路市立博物馆，绿色草坪与米色外墙（瓷砖贴装）对比鲜明。和想象中有些出入。

虽然几何、雕刻般的造型是这座建筑最大的特征，但实际上，即便从地面仰视，也看不出是这样的造型。

北侧是埋藏文化遗产调查中心

与毛纲毅旷的其他许多建筑作品一样，总觉得他意识到了从天空俯视的视角，或来自宇宙的目光。

冬天，在一片白雪茫茫之中……

一直以为是清水混凝土呢……

之前看到的都是黑白照片

展厅的看点是双螺旋结构的楼梯。

来郊游的小学生也兴奋不已。

翻阅竣工时的杂志，着实让人吃了一惊。时任钏路市市长这样写道："尽可能脱离了以合理性、经济性为优先的前提"。

但是，这里并没有给人留下设计者自命不凡的印象。特别是展览的部分，在25年后的今天看来也并不过时。

有效利用室内中庭空间，展出了原始尺寸的"雾笛"。

乍看之下像是设计者的自我满足，但实际考虑了功能性，这处设计最有趣！

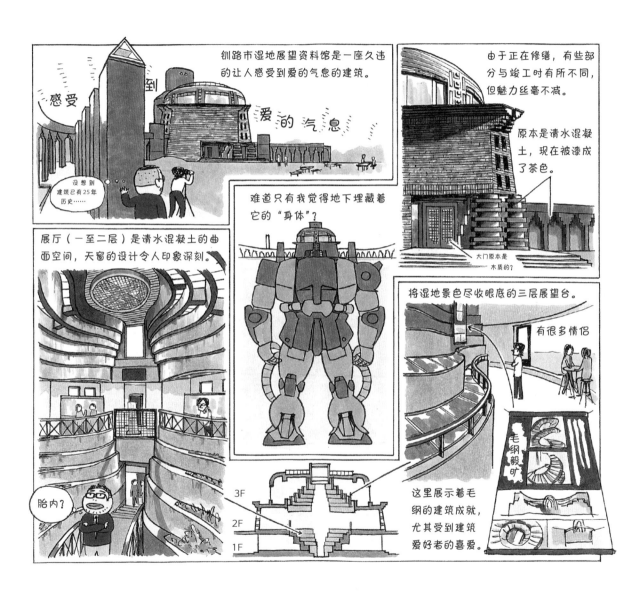

钏路市湿地展望资料馆是一座久违的让人感受到爱的气息的建筑。

感受 到 爱 的 汽 息

没想到建筑已有25年历史……

由于正在修缮，有些部分与竣工时有所不同，但魅力丝毫不减。

原本是清水混凝土，现在被漆成了茶色。

大门原本是木质的？

展厅（一至二层）是清水混凝土的曲面空间，天窗的设计令人印象深刻。

胎内？

难道只有我觉得地下埋藏着它的"身体"？

3F
2F
1F

将湿地景色尽收眼底的三层展望台。

有很多情侣

这里展示着毛纲的建筑成就，尤其受到建筑爱好者的喜爱。

毛纲毅旷

1984

球泉洞森林馆

森林中沸腾的巨大气泡

建筑面积：1640 平方米　设计：木岛安史＋YAS 都市研究所　施工：西松建设　竣工：1984 年

地址：熊本县球磨郡球磨村大濑 1121　结构：SRC 结构＋薄壁冷弯型钢小桁架施工法　层数：地下一层、地上两层

木岛安史＋YAS 都市研究所

球泉洞是于 1973 年被发现的钟乳洞。在其入口附近建造了用作林业资料馆的球泉洞森林馆，不过现在主要展示着爱迪生的相关资料

熊本县

在后现代派建筑巡礼过程中，我们造访了好几座令人产生梦境般错觉的建筑。其中，这座球泉洞森林馆也算是名列上位的异次元建筑。

3F平面

平面由7个重叠的圆形组成。

1-2F

三层展厅的穹隆天井从中间切换成了旁边的穹顶。

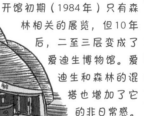

从外观来看，它像是垄断企业的研修所或一座宗教设施。贸然进入的话，似乎需要很大的勇气。

开馆初期（1984年）只有森林相关的展览，但10年后，二至三层变成了爱迪生博物馆。爱迪生和森林的混搭也增加了它的非日常感。

这是哪里？

能听到当时留声机的原声。

超 越 时 空 的 膨 胀 还 在 继 续

不 确 定 的 气 泡 形 象

只有一座穹顶的话也没什么大不了，但是多个穹顶相连，就产生了一种气泡般的梦幻感。木岛安史表示，这是受到了史代纳的歌德纪念馆（1920年）的影响。

总觉得这座森林馆的造型对伊甸园项目（2001年）产生了影响。

如果建筑技术进一步发展，气泡的形象或许会以更壮观的形式展现在我们面前。

1920年 瑞士（毁于火灾）

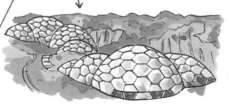

2001年 英国 尼古拉斯·格雷姆肖设计

20xx年

1985

可爱的建筑就不可以吗？

环境构造中心（克里斯托弗·亚历山大）

埼玉县

盈进学园东野高等学校

地址：埼玉县入间市二本木 112-1　结构：RC 结构、木结构　层数：地上两层（教学楼等）

建筑面积：9061 平方米　设计：环境构造中心、日本环境构造中心

设备设计：藤田工业　施工：藤田工业　竣工：1985 年

将后现代派作为理论建立起来——承担这一要职的建筑家便是克里斯托弗·亚历山大。他认为空间由类似原子和分子的要素构成，他将其命名为"样式"。他认为通过将样式组合起来，不仅是职业建筑师，任何人都可以创造出优秀的建筑和城市。

受到认同此思想的学园常务理事的设计委托，亚历山大在日本首次实现的建筑就是盈进学园东野高等学校。全体教职人员和部分学生也参与了校园建设，用语言表达出心目中理想的校园形象。亚历山大以此为基础，在现场布局规划。设计过程与以往在设计图纸上反复讨论的方式完全不同。

在施工方面，最初计划以自建方式建设。但是，因为进度滞后，最终承包商参与进来。由于几乎没有设计图纸，承包商想自行出图，推进施工，但是设计方不认可这一做法。双方为此一直争论不休。

亚历山大的"样式语言"在日本建筑界备受瞩目，作为实践这一思想的东野高等学校自然也备受期待。但是，业界对于最终落成的建筑评价并不高。例如，难波和彦评价道："时代错误感明显，看起来像是被东方情调侵占

了，所以讨论热度骤然冷却。"（《建筑的四层构造》，INAX出版）

在理论与现实之间，这座评价两极分化的建筑，如今在我们眼中会是什么样子呢？我们带着期待与好奇开启了这次巡礼。

无法定义的性质

穿过两道门，沿着如同朝拜圣路般的道路前行，便来到了中央广场。广场正面是一个开阔的池塘，呈现出的景象像是一个舒适的公园。

在职员室获得采访许可后，我们开始在校园内自由参观。先是走过太鼓桥来到食堂。食堂位于小山丘上，从这里可以俯瞰整个校园。一般的学校，屏风般的校舍会遮挡住视线，但这里却呈现出鳞次栉比的村落景象。

再次穿过池塘来到"村落"中。首先进入体育馆，屋顶由木制的房顶骨架支撑。这个空间面积适中，恰好可以容纳篮球场。

接下来，我们来看教学楼。教学楼是二层建筑，每层都设有教室。教学楼建筑群呈两列排开，中间夹着设有花坛的通道，外侧由列柱林立的拱廊连接。

A 从位于校园西侧的食堂观赏全景。通过太鼓桥后即达食堂。左侧的建筑是大礼堂，前方是正门，右侧是教学楼建筑群|B 用白黑相间的灰泥打造的正门|C 多用途通道的出入口兼凉亭|D 位于小山丘上的食堂|E 教学楼与特殊教室之间的过道|F 体育馆内景。经日本建筑中心构造评估后建造|G 大讲堂内景

回到中央广场，前往大礼堂。建筑装饰着黑色和粉色的奇妙花纹，是一个既非日式也非西式风格的难以定义的空间。

举着照相机走在校园里，每处设计都想用镜头记录下来。并且，无论在建筑物内部还是外部，都让人心情愉快。这就是亚历山大提倡的"无法定义的性质"吗？

"'无法定义的性质'即人类、城镇、建筑、荒野等生命和精神的本源性规范"（亚历山大《超越时间的建筑之道》，鹿岛出版会）。这一概念可用"生动""完整""舒适""难以捕捉"等形容词来说明，但即使将这些词语组织在一起也无法完全表达出来。尽管如此，任何人通过经验都能理解这一点。

可爱型建筑的先驱

进入21世纪后，"可爱"也成为设计界颇为关注的形容词之一。这是以年轻女性为主要使用人群的词语。项目策划师真壁智治说，"可爱还是不可爱，任何人都可以毫不费力地做出选择"（《可爱范例设计研究》，平凡社）。

正如"无法定义的性质"那样，大家都能够共感"可爱"。那么，把"可爱"视作一种"无法定义的性质"怎么样？

真壁认为，建筑中也有"可爱型建筑"，其特性有特定的关键词可以描述。如果我们重新审视东野高等学校，就会发现它符合真壁列举的关键词中的"规模小""家型""精致装饰""留白多"。也就是说，东野高等学校很"可爱"。

按照这个思路，也可以理解建筑界对其评价不高的理由。当时，建筑业界并不认同"可爱"的价值观。就像一个成年男性听到别人说自己"你真可爱"一样，慌张得不知所措。

东野高等学校落成的1985年，伊东丰雄发表了"东京游牧少女的蒙古包"。在伊东手下工作的妹岛和世负责装置设计，在作品的照片中也担任了模特。此后，凭借梅林之家（2003年）和金泽21世纪美术馆（2004年）等作品，妹岛作为"可爱型建筑"第一人，在建筑界打响了名号。

一直以来，以"实用""美观"作为价值观的建筑，转向了"可爱型"。1985年即为开端，东野高等学校成为这一转型的先驱。

说实话，在开启巡礼之前，
我们并没有很期待。

"样式语言"是制造不
在场证明的意思吗？

又是引用
样式吗？

翻阅当时的报道，总觉
得外国建筑家在日本的
作品是"为所欲为"的。

欣赏了直岛町公所之后，就
对"引用历史"有些视觉疲
劳了……

为所欲为的
建筑家？

但是，踏入正门的那一
刻，所有疑惑都消失了。

哇！

兴奋到发抖。

这里和此前欣赏的后现代派建筑
完全不同，弥漫着"王道"的气场。

大讲堂

正门

教学楼群

体育馆

食堂

太适合
拍照了！

亚历山大太
厉害了！

每座建筑都装饰着花纹，却没有后现代派建筑特有的杂乱感。

这是因为花纹并不是简单绘制上去的，而是利用雕刻打造出了精妙的阴影吧。

虽然实现了"样式语言"，但是放弃了自建。

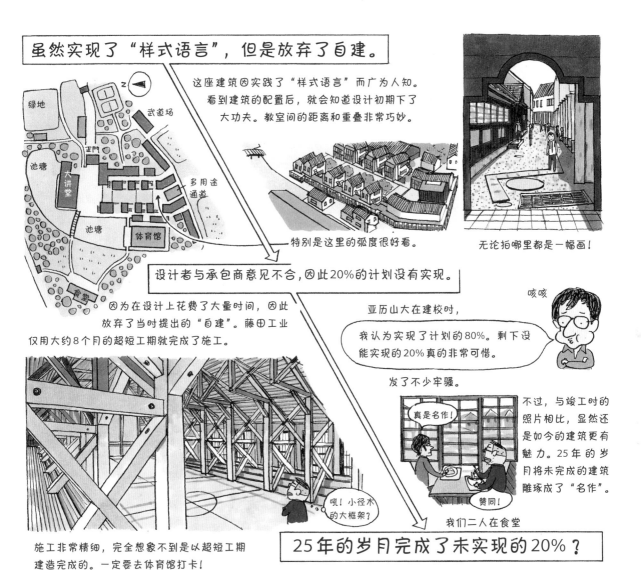

这座建筑因实践了"样式语言"而广为人知。看到建筑的配置后，就会知道设计初期下了大功夫。教室间的距离和重叠非常巧妙。

绿地

武道场

正门

池塘

大讲堂

多用途通道

池塘

体育馆

食堂

特别是这里的弧度很好看。

无论拍哪里都是一幅画！

设计者与承包商意见不合，因此20%的计划没有实现。

因为在设计上花费了大量时间，因此放弃了当时提出的"自建"。藤田工业仅用大约8个月的超短工期就完成了施工。

亚历山大在建校时，

我认为实现了计划的80%。剩下没能实现的20%真的非常可惜。

发了不少牢骚。

咳咳

真是名作！

赞同！

不过，与竣工时的照片相比，显然还是如今的建筑更有魅力。25年的岁月将未完成的建筑雕琢成了"名作"。

吼！小径木的大框架？

我们二人在食堂

施工非常精细，完全想象不到是以超短工期建造完成的。一定要去体育馆打卡！

25年的岁月完成了未实现的20%？

1986

无用的机器

高松伸建筑设计事务所

京都府

织阵

地址：京都市上京区新町通上立卖上安乐小路町 418-1　结构：RC 结构　层数：地上三层

建筑面积：1 期 619 平方米、2 期 333 平方米、3 期 745 平方米　设计：高松伸建筑设计事务所　结构设计：山本·橘建筑事务所

设备设计：建筑环境研究所　施工：田中工务店　竣工：1 期 1981 年、2 期 1982 年、3 期 1986 年

在这本关于后现代派建筑的书中,高松伸的作品是必不可少的。但是,我们很苦恼要收录他的哪件作品。因为大阪麒麟广场(1987年)、SYNTAX(1990年)等代表作,在落成后不到20年的时间里,就从这个世界上消失了。最终,我们决定选取高松在20世纪80年代前半期担任设计的织阵,这也是他的成名作。

织阵是和服腰带制造销售商"HINAYA"公司的总部建筑。内部融合了事务所、展厅、工作室等功能。在单户独立住宅与公寓混合区域展现着威严庄重的红色御影石主立面的,是落成于1981年的1期建筑。一年后,在其后方增建了2期建筑。1986年,2期后方架设着红色穹顶的3期建筑(左页照片)竣工。

3期建筑南侧曾有一座下沉庭院,但现在被临时屋顶遮盖,用作仓库。因此,建筑的侧面被挡住了。3期建筑的侧面采用相对于水平轴的对称设计。大阪麒麟广场也采用了同种手法,正因为它展现了这一时期高松建筑的特征,所以无法观赏实在很遗憾(从道路上可以隐约看到采用同种设计的北侧立面)。

据说,设计者高松伸将这座建筑看作在1期、2期、3期三个阶段完成的作品,至于二次增建则是设计者预料之外的事。可能因为这样,设计风格才大不相同吧。

1期是象征性很强的建筑,使人联想到白井晟一的作品。2期像是简约的清水混凝土箱子。到了3期,配合着石材,大量使用了金属,出现了类似机器的主题。不仅塔的顶部像是活塞头,侧面的窗户周围看起来也像是蒸汽机车的主动轮和连杆。建筑评论家波通德·伯格纳评价织阵3期是"奇怪且原始,神话般的机器"(《JA文库1高松伸》新建筑社,1993年)。

奇怪的机器

关于机器这一点,设计者本人也意识到了。在刊登织阵3期的杂志上,他发表的文章标题是《建筑·机器·城市》,而且在1983年,他还设计了"机器感"更为直接、强烈的ARK牙科医院。

虽说是机器,但高松借用的是过去机器的形象,如蒸汽机车。实际上,这种对复古机器的兴趣,不仅体现在高松伸的建筑上,亦可见于同时代的各种领域。

A 1期的东侧主立面。可以看到红色御影石制成的厚重结构 | B 3期的北侧墙面。可以看到后方清水混凝土的2期建筑。南面的墙壁被临时仓库遮挡，无法观赏 | C 3期的西侧外观。塔体上设有带棱角的天窗 | D 仰视1期的玄关大堂。红色的艺术品是HINAYA公司会长，同时也是织物艺术家伊豆藏明彦氏的作品 | E 3期，通往二层玄关的通道 | F 3期，仰视三层贵宾室的天井 | G 3期，一层的会客室

例如，在电影领域，《天空之城》（1986年）中出现了利用螺旋桨和扑翼飞行的机器；《妙想天开》（1985年）中，室内空间里到处是吐着蒸汽的通风道，令人印象深刻。尽管这些作品是科幻世界的设定，却刻意引入了沉闷、过时的机器设计。1927年，有金属身体女性机器人登场的默片《大都会》在1984年重新进行了制作，也是顺应了这一潮流吧。

小说领域兴起了名为蒸汽朋克的类型，这些作品描绘的是19世纪科学技术以另一种形式发展的世界，其中的代表作《差分机》（威廉·吉布森、布鲁斯·斯特林著，1990年）讲述了由齿轮传动的巨型计算机的故事。

高科技建筑的兄弟

回到建筑世界，在20世纪80年代的设计潮流中，"高科技"成了热门话题。那些高科技建筑不仅运用了尖端的科技，还让结构和设备暴露在外，十分引人注目。结果，那些建筑本身变成了巨大的机器。其中的代表作有理查德·罗杰斯设计的伦敦劳埃德大厦（1984年）和诺曼·福斯特设计的香港汇丰银行大厦（1985年）。

这一时期建筑模仿机器的背景，或许与计算机技术的发展有关。利用微型芯片和软件运转的计算机，不同于以往的机器可以用肉眼确认运转的状态。不可见的机器成为主流，反而催生了想把"可见的机器"打造成建筑的心理。

当然，追溯起来的话，建筑与机器有着密不可分的关系。现代派建筑的主导者勒·柯布西耶也在著作《走向新建筑》中写道："住宅是居住的机器。"他认为，像汽车一样，建筑也应该追求合理性。

从很早以前，建筑就以机器为目标，而合理继承了这一遗传基因的正是高科技建筑。从高松伸的织阵也是机器风这一点来看，可以说它是高科技建筑的兄弟。

但是，其机器的意义完全不同。高松建筑中的机器与合理性无关。那台机器是不会运转的，这一点事先就明确了。

和勒·柯布西耶一样，高松也着迷于机器。对高松而言，建筑是机器，不过却是无用的机器。

高松伸设计的"金属建筑四大天王"（宫泽檀自命名）中，有两栋已不存于世。

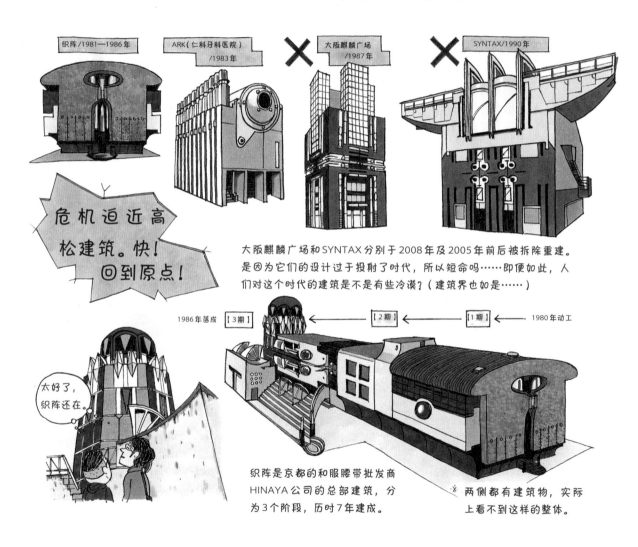

织阵/1981—1986年

ARK（仁科牙科医院）/1983年

大阪麒麟广场/1987年

SYNTAX/1990年

危机迫近高松建筑。快！回到原点！

大阪麒麟广场和SYNTAX分别于2008年及2005年前后被拆除重建。是因为它们的设计过于投射了时代，所以短命吗……即便如此，人们对这个时代的建筑是不是有些冷漠？（建筑界也如是……）

1986年落成【3期】 【2期】 【1期】 1980年动工

太好了，织阵还在。

织阵是京都的和服腰带批发商HINAYA公司的总部建筑，分为3个阶段，历时7年建成。

两侧都有建筑物，实际上看不到这样的整体。

256

仔细观察1期和3期的话，基本上大部分的**高松标志性细节**都可以看到。例如……

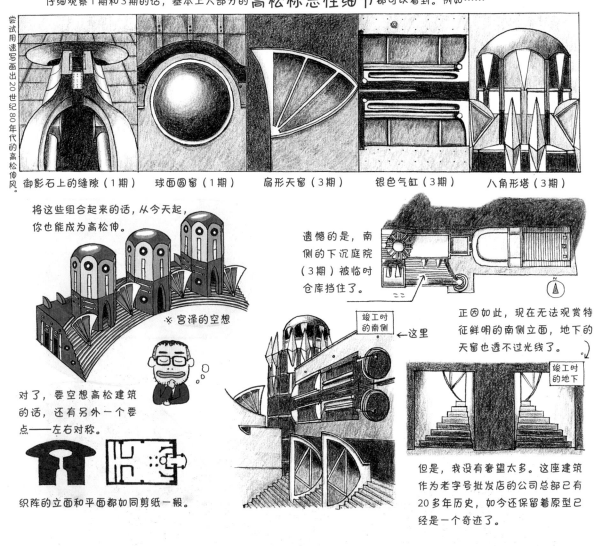

御影石上的缝隙（1期）　球面圆窗（1期）　扇形天窗（3期）　银色气缸（3期）　八角形塔（3期）

将这些组合起来的话，从今天起，你也能成为高松伸。

※ 宫泽的空想

对了，要空想高松建筑的话，还有另外一个要点——左右对称。

织阵的立面和平面都如同剪纸一般。

遗憾的是，南侧的下沉庭院（3期）被临时仓库挡住了。

这里 →

竣工时的南侧

正因如此，现在无法观赏特征鲜明的南侧立面，地下的天窗也透不过光线了。

竣工时的地下

但是，我没有奢望太多。这座建筑作为老字号批发店的公司总部已有20多年历史，如今还保留着原型已经是一个奇迹了。

1986

台基上的云

原广司 +Atelier Phi 建筑研究所

大和国际

东京都

地址：东京都大田区平和岛 5-1-1　结构：SRC 结构　层数：地上九层　建筑面积：12073 平方米

设计：原广司 +Atelier Phi 建筑研究所　结构设计：佐野建筑构造事务所　设备设计：明野设备研究所

施工：大林组·清水建设·野村建设工业 JV　竣工：1986 年

我们决定在本书中尽可能收录向大众开放的公共建筑，读过之后感兴趣的人可以去实地观赏。我们认为出于这个原因编写这本书是有益的。

但是，这座建筑是个例外，它是私营企业的办公大楼。之所以选择它，是因为我们无论如何都想把它收录在内。大学时期，看到杂志上刊登的关于这座建筑的报道后，笔者便为之折服，后来每次被问及喜欢的建筑时，都会提到这座建筑。尽管如此，笔者还没有进入过内部。本次的探访，实现了笔者二十多年来的愿望。

大和国际是以"鳄鱼""艾高"等品牌闻名的服装制造商，位于东京的平和岛。该地区临近羽田机场，汇集了仓库、流通中心等大型设施。但大和国际也不输气势，以100多米的南北长度横亘其中。

最初，一至三层是仓库，四层以上融合了办公室、高管办公室等，但由于物流体制重编，不再需要仓库，另外组织集约化后，使用面积减少，因此2002年以后，闲置的楼层便开始对外出租。

最引人注目的首先是奇特的外观。三层以下用作坚固的台基，四层平台是人工地基，其上是形态自由的建筑。仔细一看，它是以多重叠加单薄楼层的形式组成的。

此外，在其表面还不规则地分布着山形屋顶、穹隆屋顶、窗户等使人联想到住宅的形态要素。从楼址西侧的公园望过去，树木上方露出的建筑上部就像一个村落。由于它浮在高空中，因此就像在观赏海市蜃楼一般。

无名住宅群的形象

这座建筑的设计者原广司，在20世纪70年代的考察之旅中探访了世界各地的村落。或许他将那时看到的景象投射在了这座建筑中。后现代派建筑经常引用著名建筑，但原广司在自己的建筑中引入的却是分布在世界各地的无名住宅群的形象。

进入建筑内部后，天井、扶手、窗玻璃等各处设计都极具魅力。装饰使用的是以毫米为单位的细密锯齿描绘出的不规则图案。其中的图案没有重复，看上去相似却又完全不同。设计者解释说，这跟云的形状变幻无穷是一样的。从人类身体导出建筑比例关系的建筑家维特鲁威、模仿植物的新艺术派等，在此之前已

A 西侧墙面。瓷砖贴装的台基上架设着铝板贴装、形式自由的框架结构 | B 贯穿四层台基面及屋顶的外部通道 | C 四层的屋顶露台。右侧是云形屋顶的凉亭 | D 像被利落切断的东侧墙面 | E 设置于入口前方的中庭 | F 7 层会客室的窗户。玻璃蚀刻工艺制成的图像与公园的风景重叠在一起 | G 五层电梯前厅的扶手被加工成类似近似图形的复杂形状

经建造了众多以自然造型为范本的建筑，但这座建筑参照的却是云、海市蜃楼等气象现象。

现代主义的指导纲领是"Less is more"，即越简单越好。但是在这里，总觉得设计者是在探究建筑能够复杂到何种程度。于是，它变得像村落一样复杂、像云一样复杂。自然与人工两方面的多样性融为一体，这座建筑酷似世界本身的形象。

走向复杂系建筑

从构成建筑轮廓的1000∶1的设计，到描绘天井图案的1∶1的设计，在所有尺度上保持着相同程度的复杂性，正是这座建筑的特征。

这就像是海岸线。如果将蜿蜒曲折的海岸线放大来看，就能看到其中更细密的曲折。这种部分与整体形状相同、显示出相似性的图形被称作近似图形。这是数学家本华·曼德博在20世纪70年代中期提出的概念，但它得到普及是在20世纪80年代，在那一时期，由于个人计算机的发展，人们可以轻松绘制出这种图形。

不仅是近似图形，20世纪80年代，耗散结构论、混沌理论、模糊理论等复杂、模糊的理论，经由科学方法重新加以诠释后受到了人们的关注。人们发现，乍看之下随机的形式和现象中，其实也存在清晰的秩序。大和国际复杂且暧昧的建筑形式，也与这一新科学的动向同步。

进入20世纪90年代后，随着经济的衰退，日本建筑的设计潮流再次向简单化、缩小化转向。在这种背景下，曾设计出连通型超高层建筑梅田蓝天大厦（1993年）、包含与地形相融的公共汇集场所的JR京都站大楼（1997年）等复杂巨型建筑的原广司，也有不顺应时代主流的一面。

但是，原广司持续关注的新科学与数学领域，如今以复杂性科学和非线性理论，再次受到了关注。平田晃久、藤本壮介、藤村龙至等年轻建筑家也表现出了对这种复杂性科学的兴趣，并开始建造受其影响的建筑。可以说，大和国际就位于其源头吧。

大和国际是一座全长130米的巨型建筑，可以说，其规模就像一座超高层大厦横躺在地。尽管如此，它却没有重量感。确切来讲，它看起来是若隐若现的，真不可思议。

幻觉？

"环七"高架是最佳观赏地。

原因在于采用铝质镶板的几何外观设计。特别是西侧立面，就像童话王国中的铁皮城堡。

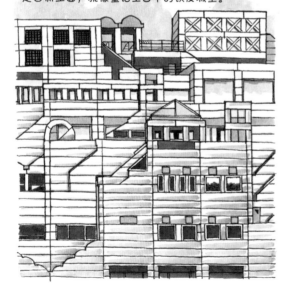

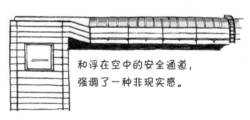

原广司标志性的"云形"装饰，

和浮在空中的安全通道，强调了一种非现实感。

话说回来，这座建筑好像比以前更漂亮了。

7年前实施了修缮工程，外墙做了表面涂层。

原来如此。真是太好了。

室内也到处是童
话王国般的装饰。

例如，电梯前厅
的窗户周围。

我们还获准参观了屋顶。

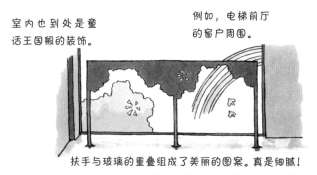

诶？背面是
混凝土？

扶手与玻璃的重叠组成了美丽的图案。真是细腻！

前面提到的云形装饰是用混凝土而非铁材制
成的，这让人有点意外。

特别附录 桌上3D版大和国际

---- 折叠
—— 剪裁

请放大复印后使用。

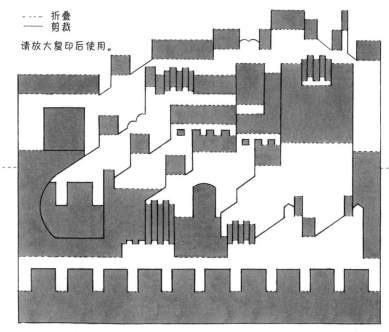

©宫泽2010年 折纸建筑大师茶谷先生好像制作过一个更厉害的版本……

这座建筑令我想起了茶谷
正洋氏（东京工业大学名
誉教授，1934—2008）创
作的折纸建筑。一时心血
来潮，我试着做了这个↓。

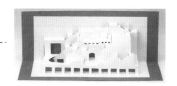

哎，没想到我也能做出来，
"二次元一般的三次元"造
型正适合做折纸建筑。难道
说，这座建筑是受到了折纸
建筑的影响吗？
（茶谷氏于1981年开创了折
纸建筑）

顺路拜访

1987

意外容易描绘的复杂系

东京工业大学百年纪念馆

建筑面积：2687平方米　设计：筱原一男　施工：大成·大林·鹿岛·清水·竹中JV　竣工：1987年

地址：东京都目黑区大冈山2-12-1　结构：SRC结构、部分S结构　层数：地下一层、地上四层

东京都

筱原一男

筱原一男生前曾表示，这座建筑的主题是「噪声」。在校园入口处建造了「巨大噪声」的东京工业大学，看起来不容小觑

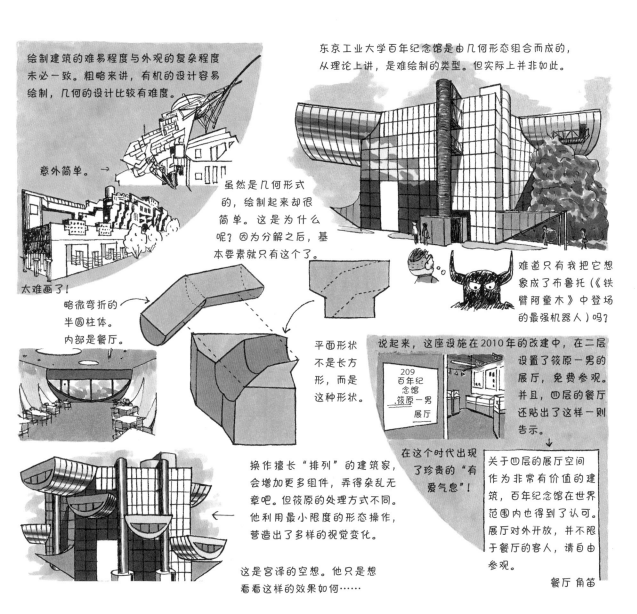

绘制建筑的难易程度与外观的复杂程度未必一致。粗略来讲，有机的设计容易绘制，几何的设计比较有难度。

意外简单。→

太难画了！

略微弯折的半圆柱体。内部是餐厅。

东京工业大学百年纪念馆是由几何形态组合而成的，从理论上讲，是难绘制的类型。但实际上并非如此。

虽然是几何形式的，绘制起来却很简单。这是为什么呢？因为分解之后，基本要素就只有这个了。

难道只有我把它想象成了布鲁托（《铁臂阿童木》中登场的最强机器人）吗？

平面形状不是长方形，而是这种形状。

说起来，这座设施在2010年的改建中，在二层设置了筱原一男的展厅，免费参观。并且，四层的餐厅还贴出了这样一则告示。

209
百年纪念馆
筱原一男
展厅

在这个时代出现了珍贵的"有爱气息"！

关于四层的展厅空间作为非常有价值的建筑，百年纪念馆在世界范围内也得到了认可。展厅对外开放，并不限于餐厅的客人，请自由参观。

餐厅 角笛

换作擅长"排列"的建筑家，会增加更多组件，弄得杂乱无章吧。但筱原的处理方式不同。他利用最小限度的形态操作，营造出了多样的视觉变化。

这是宫泽的空想。他只是想看看这样的效果如何……

20世纪80年代后期，「海湾沿岸」这个词给人一种时尚感，「跃鲤」正是诞生于这一时期的文化遗产。不能输给铁锈，还要传给后世。即便如此，可为什么主题是鲤鱼呢？

1987

跃鲤

海湾沿岸的淡水鱼？

设计：弗兰克·O.盖里、神户港振兴协会　施工：竹中工务店　竣工：1987年

地址：神户市中央区波止场町2-8　结构：S结构　层数：地上两层

兵库县

弗兰克·O.盖里

266

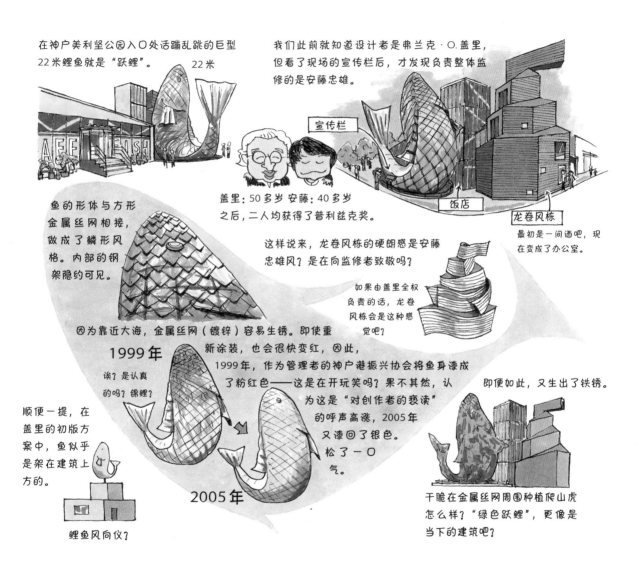

在神户美利坚公园入口处活蹦乱跳的巨型22米鲤鱼就是"跃鲤"。

22米

我们此前就知道设计者是弗兰克·O.盖里，但看了现场的宣传栏后，才发现负责整体监修的是安藤忠雄。

宣传栏

盖里：50多岁 安藤：40多岁之后，二人均获得了普利兹克奖。

饭店

龙卷风栋

最初是一间酒吧，现在变成了办公室。

鱼的形体与方形金属丝网相接，做成了鳞形风格。内部的钢架隐约可见。

这样说来，龙卷风栋的硬朗感是安藤忠雄风？是在向监修者致敬吗？

如果由盖里全权负责的话，龙卷风栋会是这种感觉吧。

因为靠近大海，金属丝网（镀锌）容易生锈。即使重新涂装，也会很快变红，因此，1999年，作为管理者的神户港振兴协会将鱼身漆成了粉红色——这是在开玩笑吗？果不其然，认为这是"对创作者的亵渎"的呼声高涨，2005年又漆回了银色。

即便如此，又生出了铁锈。

1999年

诶？是认真的吗？锦鲤？

松了一口气。

顺便一提，在盖里的初版方案中，鱼似乎是架在建筑上方的。

2005年

干脆在金属丝网周围种植爬山虎怎么样？"绿色跃鲤"，更像是当下的建筑吧？

鲤鱼风向仪？

1989

自我阐述的建筑

安藤忠雄建筑研究所

兵库县

兵库县立儿童馆

地址：兵库县姬路市太市中 915-49　结构：SRC 结构、部分 RC 结构　层数：地下一层、地上三层　建筑面积：7488 平方米

设计：安藤忠雄建筑研究所　结构设计：Ascoral 构造研究所　设备设计：设备技研

施工：鹿岛建设·竹中工务店·立建设 JV　竣工：1989 年

一定有很多人感到疑惑，安藤忠雄的建筑是现代主义的，与本章标题"后现代主义"处于对立状态。难道是羡慕安藤的人气，所以硬加进来的吗？我们能理解这种怀疑的心情，但还是希望各位继续往下读。

本篇收录的是于1989年开馆的兵库县立儿童馆。这是一座大型的儿童馆设施，随家庭或团体来访的儿童可以在这里玩耍、创作或读书。馆区位于距离姬路站20分钟左右车程的樱山蓄水池畔。这里是绿意盎然的风景胜地，附近汇集了自然观察之森、姬路科学馆、星之子馆（也是安藤的作品）等设施。

儿童馆大体由本馆、中央广场、工作馆三个区域构成。在呈阶梯状流淌的人工河流沿岸，并排立着本馆的两栋建筑，内部包含图书馆、剧场、画廊、多功能厅等。中央广场是一个室外观景休息空间，设有16根独立高耸的立柱。工作馆是一个工作室，可以用竹子或木头制作玩具。

建筑周围设置着从安藤本人发起的儿童雕塑创意国际大赛中脱颖而出的优秀雕塑作品，整个区域也兼具雕塑美术馆的功能。

3个区域间各相隔150米左右的距离，由贯穿室外的笔直馆区道路将其连在一起。这是一段令人不禁思考"为什么要走这么远"的长距离路线，但是，因墙壁遮挡而时隐时现的建筑与柱梁框架截取的自然风光，会戏剧性地闯入观者的视野。观赏建筑的妙趣，仿佛浓缩在这段路程之中。

建筑所使用的材料是清水混凝土，而形态是由简单的几何形式，即正交的线条与圆弧的组合表现出来的。安藤建筑中这些共通的特征，与现代派建筑的特征相吻合，因此也可以将安藤建筑定义为迟到的现代派杰作吧。实际上，这是一种普遍的看法。但是仅这样看待的话，总觉得还有解释不通的地方。

走到尽头的平台

例如，儿童馆本馆三层室外楼梯处，向北侧略微挑出的平台（下页照片A）就很令人在意。这是一条死路，没有通向任何地点。如果意图是让观者欣赏外面的景色，就没有特别向外挑出的必要。为什么要设置这样的平台呢？

其原因去实地看了就会明白。站在上面，以湖水为背景的儿童馆观景广场看起来非常美观。也就是说，这处挑出的平台是作为观赏建

A 本馆北侧室外楼梯处，向外挑出的观景平台。从平台可以观赏到照片C中的景色。平台下方可以看到根据儿童创意制作的雕塑作品"水龙头君" | B 本馆东北侧。钢筋混凝土的墙壁与框架层层叠叠。照片左侧可以看到俯瞰池塘的平台 | C 望向本馆的西南方向。观景广场对面是樱山蓄水池 | D 隔着本馆南侧的池塘，望向实践活动室（右）、圆形剧场栋（左）| E 16根立柱耸立的中央广场 | F 环绕圆形剧场四周的观景走廊 | G 儿童图书室面向北侧的池塘，设有大开口

筑的视点而建造的。

设有这种挑出平台的安藤建筑不止此处。在兵库县立美术馆（2002年）中，设有一处同样的平台，可以一览圆形露台及前方中庭，为观者奉上了建筑的精髓。

另外，也有利用墙壁而不是平台打造建筑精髓的例子。真言宗本福寺水御堂（1991年）、大阪府立近飞鸟博物馆（1994年）等建筑的主体前都配置了狭长的墙壁，并设定了迂回其中的通道动线。儿童馆的馆区道路也是如此。建筑先是被墙壁遮挡而无法看到。在墙壁中断处迂回前进的瞬间，建筑戏剧性地展现在眼前。

建筑的精髓由建筑自身打造。安藤建筑常具有这样的结构。建筑是观赏其自身的装置。

可见的往往是"部分"

为什么安藤要做得这么复杂？想必是因为围绕建筑的社会状况发生了变化。

在现代主义的时代，建筑的正确性与美观性不言自明，其价值自然而然就得到了建筑之外的社会认可。前川国男和丹下健三开始做建筑时正是这样的情形。但是，到了后现代主义时代，对于建筑的正确性与美观性，社会不再

直接给予认可了。

如果外面的人不给予称赞，那么只能让建筑自身对其意义进行阐述了。方法就是在建筑中设定视点——"从这里观赏建筑吧！看过之后你就明白了"。

的确，从设计者本人设定的视点观赏到的建筑形态是非常出彩的。这样无论是谁都能感悟到建筑之美吧。但是，那种形态总是不完整的。为什么这样讲呢？因为既然观者所处的位置在建筑的内部，便不可能将包含该处在内的完整形态纳入视野。从那里看到的往往是部分。实际上，堂而皇之地伪装成完整形态的安藤建筑，其实际状态却是分裂的。

话虽如此，但正因为整体没有显现出来，才具有唤醒观者欲望的效果。这样一来，在观者内部得到补充的、更强的建筑形象才会浮现出来。

也就是说，基于这一手法、可以被称作"终极现代派建筑"的安藤建筑之中，实际上也反映了现代建筑在时代中所直面的困境。从这个意义上来讲，这的确是后现代主义时代的建筑。

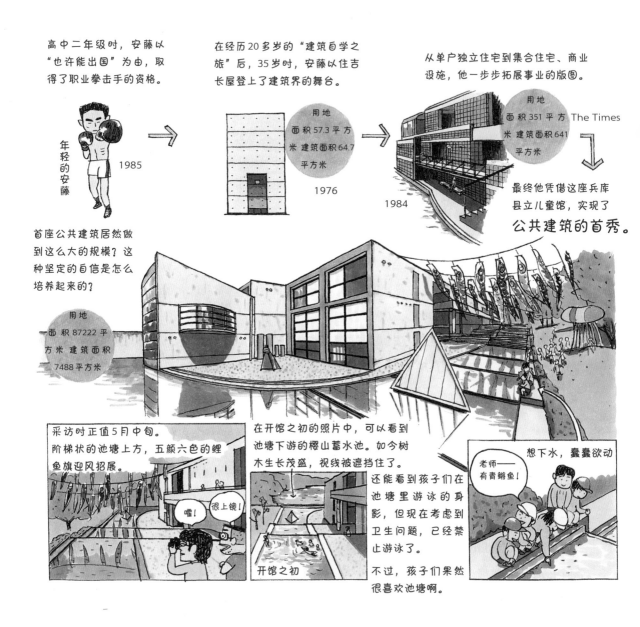

高中二年级时，安藤以"也许能出国"为由，取得了职业拳击手的资格。

年轻的安藤

1985

在经历20多岁的"建筑自学之旅"后，35岁时，安藤以住吉长屋登上了建筑界的舞台。

用地面积57.3平方米 建筑面积64.7平方米

1976

从单户独立住宅到集合住宅、商业设施，他一步步拓展事业的版图。

用地面积351平方米 建筑面积641平方米 The Times

1984

最终他凭借这座兵库县立儿童馆，实现了**公共建筑的首秀。**

首座公共建筑居然做到这么大的规模？这种坚定的自信是怎么培养起来的？

用地面积87222平方米 建筑面积7488平方米

采访时正值5月中旬。阶梯状的池塘上方，五颜六色的鲤鱼旗迎风招展。

嚯！

很上镜！

在开馆之初的照片中，可以看到池塘下游的樱山蓄水池。如今树木生长茂盛，视线被遮挡住了。

还能看到孩子们在池塘里游泳的身影，但现在考虑到卫生问题，已经禁止游泳了。

不过，孩子们果然很喜欢池塘啊。

开馆之初

想下水，蠢蠢欲动

老师——有青鳉鱼！

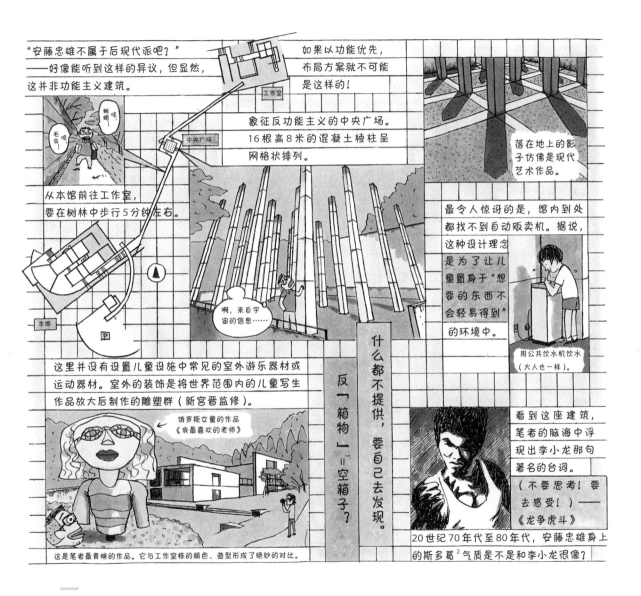

"安藤忠雄不属于后现代派吧?"——好像能听到这样的异议,但显然,这并非功能主义建筑。

如果以功能优先,布局方案就不可能是这样的!

工作室

撕蜞! 哇!

毛虫! 哇!

中央广场

从本馆前往工作室,要在树林中步行5分钟左右。

本馆

P

象征反功能主义的中央广场。16根高8米的混凝土棱柱呈网格状排列。

啊,来自宇宙的信息……

落在地上的影子仿佛是现代艺术作品。

最令人惊讶的是,馆内到处都找不到自动贩卖机。据说,这种设计理念是为了让儿童置身于"想要的东西不会轻易得到"的环境中。

用公共饮水机饮水(大人也一样)。

这里并没有设置儿童设施中常见的室外游乐器材或运动器材。室外的装饰是将世界范围内的儿童写生作品放大后制作的雕塑群(新宫晋监修)。

俄罗斯女童的作品《我最喜欢的老师》

反「箱物」="空箱子?

什么都不提供,要自己去发现。

看到这座建筑,笔者的脑海中浮现出李小龙那句著名的台词。(不要思考!要去感受!)——《龙争虎斗》

这是笔者最青睐的作品。它与工作室栋的颜色、造型形成了绝妙的对比。

20世纪70年代至80年代,安藤忠雄身上的斯多葛[2]气质是不是和李小龙很像?

---

1 "箱物行政"是对将重点放在建设无用的政府机构建筑、学校、公民馆、博物馆、主题公园等公共设施上的国家或地方自治团体政策的讽刺。

2 斯多葛派为古希腊四大哲学学派之一。

1989

火焰的标志

日建设计 + 菲利普·斯达克

朝日啤酒吾妻桥大厦（朝日啤酒大厦）+
吾妻桥礼堂（舒波乐礼堂）

东京都

地址：东京都墨田区吾妻桥 1-23-1

[大厦] 结构：S 结构、SRC 结构　层数：地下两层、地上二十二层　建筑面积：34650 平方米　设计：日建设计

监管：住宅·都市整备公团、日建设计　施工：熊谷·大林·前田·鸿池·新井 JV（外装、主体）　竣工：1989 年

[礼堂] 结构：S 结构、RC 结构、SRC 结构　层数：地下一层、地上五层　建筑面积：5094 平方米

设计：菲利普·斯达克　实施设计 / 监管：GLOBAL ENVIRONMENT THINK TANK INC

施工：大林·鹿岛·东武谷内田 JV　竣工：1989 年

隔着隅田川，在浅草对岸有一处格外引人注目的建筑群。高耸的金色玻璃幕墙大厦是朝日啤酒总部的所在地——朝日啤酒塔。旁边在贴装黑色石材主体上架设着火焰造型的建筑是啤酒屋舒波乐礼堂。1989年，辛口啤酒"舒波乐"大受欢迎，朝日啤酒的市场占有率不断攀升并达到巅峰，这两座建筑于同年同期落成。

建筑用地原本是朝日啤酒的工厂所在地。在被命名为"River Pia 吾妻桥"的再开发区域中，除了朝日啤酒的建筑，还建有墨田区政府、多功能礼堂、城市再开发机构的集合住宅等。从浅草一侧还能眺望到在这些楼宇环绕之下建设中的东京晴空塔。也正因如此，架着相机的游客数量骤增。

然而，也有不少人对其建筑不像建筑的异形设计投以批判的眼光。例如，2005年，由著名城市规划学家、建筑家等人士组成的美丽景观创造会，就将这处建筑列入了"100处丑陋景观"的名单。

竣工之初，这里应该令人瞠目结舌吧。但如今，应该有很多人认为这处风景是浅草不可或缺的。无论是伦敦、巴黎还是上海，世界上的主要城市都有隔岸欣赏城市景观的场所。然而，在经济高速发展后的东京，这样的场所却几乎消失了。仅仅出于使其复活这一点，这处建筑群就值得被评价。

外国建筑家的活跃

朝日啤酒大厦的设计者是日建设计，礼堂的设计者是菲利普·斯达克。日建设计是日本最大的设计事务所，这里就不多介绍了。

另一位设计者斯达克是活跃于法国的设计师，从建筑、室内装饰到手表、牙刷，涉猎领域广泛，如今已成为世界瞩目的设计师。然而，在这座建筑开始设计的20世纪80年代中期，他在巴黎设计的咖啡馆内装，好不容易才在敏锐的人群中有了话题性。当时，他在建筑上几乎没有成就。让这样一位外国建筑家设计代表企业形象的建筑，当时的朝日啤酒实在是勇气可嘉。

但是，回顾当时的趋势，将设计委托给外国建筑家的项目，除此之外还有很多。《日经建筑》1988年8月8日号和8月22日号中，连续两期刊登了外国建筑家的项目特辑。登场的建筑家除斯达克以外，还有理查德·罗杰斯、阿尔多·罗西、埃米里奥·安柏兹、迈

A 隔着隅田川，从对岸眺望 River Pia 吾妻桥。建筑从左起依次是墨田区政府、东京晴空塔（建设中）、朝日啤酒大厦与礼堂、城市再开发租赁住宅的生命大厦 | B 大厦二十一层，观景餐厅的室内中庭大堂 | C 大厦二十二层的观景餐厅 La Ranarita | D 从大厦俯瞰礼堂 | E 礼堂的一至二层是啤酒屋 Flammedor | F 啤酒屋内的盥洗室。礼堂各层盥洗室的设计都很考究 | G 啤酒屋入口 | H 礼堂三层的宴会厅

克尔·格雷夫斯、罗伯特·A.M.斯特恩、彼得·艾森曼、扎哈·哈迪德等，实在是超豪华阵容。

从巨匠到新锐，众多外国建筑家在日本完成了自己的作品，但是放眼望去，能够称得上该建筑家代表作的作品并不多。"因为近在咫尺，就请日本人随意观赏吧"——大部分是这种程度的作品。在这种形势下，没有人会对舒波乐礼堂是斯达克的代表作这一点持有异议吧。它是这一时期外国建筑家打造的最精良的作品，是一座可以向全世界夸耀的建筑。

鸭子式的后现代主义？

在后现代派建筑的历史中，要如何定义这件作品呢？

美国建筑家罗伯特·文丘里在其著作《向拉斯维加斯学习》（原著1972年）中，通过"装饰化的棚屋"与"鸭子"的对比，对这类建筑进行了论述。安装花哨的招牌来招揽生意的拉斯维加斯路边商店，其主体建筑本身只是普通的棚屋——现代派建筑着眼于这一点，并将其发扬光大。另外，虽然现代派建筑拒绝表面化的装饰，但实际上整体成了一个象征，也

就是说，建筑自身与设计成鸭子造型的简餐店别无二致。这一大胆的现代主义批判产生了广泛的影响，"装饰化的棚屋"成为后现代派建筑的模型。

那么朝日啤酒大厦是"装饰化的棚屋"吗？大厦整体令人联想到注满啤酒的啤酒杯，而礼堂看起来则像拖着金色火焰的蜡烛。与其说这两者是"装饰化的棚屋"，不如说它们更接近"鸭子"。虽说如此，也绝不能称为现代派建筑。"尽管是鸭子，却是后现代派。"和"又醇又爽"的舒波乐一样，乍看之下，这座建筑就是这样矛盾的存在。

所以，应该创设"鸭子式的后现代主义"这一新流派吗？完全不必，因为已经发明出了指代这种建筑的最贴切的词语——标志性建筑。类似的例子还有形似火箭的瑞士再保险总部大厦（诺曼·福斯特设计，2004年）、外观类似莫比乌斯带的中国中央电视台总部大楼（雷姆·库哈斯设计，2008年）等。

朝日啤酒建筑也属于这一谱系，是一座十分超前的标志性建筑。这样看待它的话，就不难理解了。

浅草吾妻桥现在游人如织，因为可以一并观赏到东京晴空塔与朝日啤酒大厦。

吾妻桥

如此受到瞩目还是落成后20年以来的头一次？看上去有点害羞呢。

啤酒杯与火焰。如此具象的隐喻式建筑再没有第二处了吧？

任谁来看都像啤酒！

企业标志的极致？

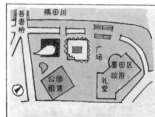

这一带曾是建于1909年的啤酒工厂与啤酒屋所在地。工厂关闭后，官民共同进行了再开发。各处设计尤为散乱。但是，朝日啤酒的两座建筑却以强烈的个性，超越了此前"和谐"的次元。没有枪打出头鸟吗？

啤酒杯的泡沫部分是不锈钢幕墙。琥珀色的镜面玻璃经过反复实验，终于呈现出了啤酒的感觉。

泡沫上部是天窗。

观景餐厅
La Ranarita

顺便一提，这间餐厅因为能观赏到东京晴空塔而人气爆棚。

嚯——

这个位置是最抢手的。

吾妻桥礼堂的金色物体无论何时都闪闪发亮，真令人赞叹。（这样引人注目的造型，如果有脏污的话，会引来一片责难吧？）

据设计者（斯达克）称，虽然这个物体是一束"火焰"，但看到它的小孩子一定会这样讲——

以前的清洁景象

特别是内侧，清洁起来非常麻烦。

顺便一提，据说以前的大厦保洁达人，每年都要吊在绳子上做一次清洁。自从2005年做了表面涂层（亲水性涂层）后，脏污不易附着，这两年都没有做过清洁了。

表面涂层真厉害。

啊，金色的大便！

大便！大便！

我女儿也如是。

菲利普·斯达克。

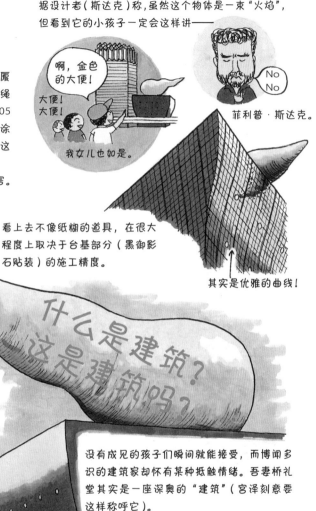

看上去不像纸糊的道具，在很大程度上取决于台基部分（黑御影石贴装）的施工精度。

其实是优雅的曲线！

建筑家之中，有人宣称"这座礼堂不是建筑"。它作为城市的象征，已经拥有如此固定的形象，此话又是从何讲起呢？因为斯达克是一名产品设计师，还是因为物体内部是中空的呢？

中空

由加工成圆形的钢板焊接而成

机械设备安置处

活动礼堂

宴会厅

啤酒屋

啤酒屋

厨房

啤酒屋

啤酒屋

这样一来，就是"建筑"了吗？

什么是建筑？这是建筑吗？

没有成见的孩子们瞬间就能接受，而博闻多识的建筑家却怀有某种抵触情绪。吾妻桥礼堂其实是一座深奥的"建筑"（宫泽刻意要这样称呼它）。

1989

开在铝板上的孔、孔、孔

长谷川逸子·建筑计划工房

神奈川县

湘南台文化中心

地址：神奈川县藤泽市湘南台 1-8　结构：RC 结构，部分 S 结构、SRC 结构　层数：地下两层、地上四层

建筑面积：1 期 11028 平方米、2 期 3417 平方米　设计：长谷川逸子建筑计划工房　结构设计：木村俊彦构造设计事务所

设备设计：井上研究室（空调、卫生）、设备规划（电力）　施工：大林组　竣工：1 期 1989 年、2 期 1990 年

这里是连接小田急线与横滨市营地铁的湘南台站。从高层住宅和商业设施环绕的郊外终点站步行，很快就能到达。连绵不断的银色小屋顶，其后方的巨大球体就是湘南台文化中心。

球体内部是天文馆和市民剧场。除此之外，还包含了儿童馆、公民馆、市政府办事处等。

儿童馆包括设置了参与型游乐设施的展示空间、可以参与手工制作和现场学习的工作室等。被命名为"宇宙剧场"的天文馆也是儿童馆的设施。

市民剧场设有圆形舞台，形式很特别，虽然管理者透露"利用这种形式进行演出很有难度"，但据说运转率很高。

其实这座建筑比外观给人的印象要深刻得多。一大部分面积位于地下，地上部还配置了溪流、露天剧场等，作为广场开放。建筑的屋顶也环绕着可以穿行的动线，仅是游走在其中就觉得很有趣。

随处可见的钢筋混凝土墙面，利用彩色混凝土呈现出类似地层的外观。广场上矗立着成排的由冲孔金属板制造的树木。背景中的天窗与架设着雨篷的屋顶群也如同树木茂盛的山峦一般。设计者长谷川逸子用"作为第二自然的

建筑"一词诠释了这座建筑。

日本后现代主义的集结篇

为了选定设计者，当时举办了公开提案式竞赛。竞赛备受瞩目，从新秀到大师，各个年龄段的建筑家都参与了角逐。长谷川的方案从215个方案中脱颖而出，获得了第一名。

长谷川生于1941年，与20世纪80年代后现代派建筑的领军人物毛纲毅旷、石山修武、石井和纮、伊东丰雄等建筑家属于同代人。他们因"装鬼吓人"一般的作品风格而被称作"野武士"，但长谷川却极少被视为其中一员。或许是考虑到将女性称作"野武士"是失礼之举，而且也认识到其作品风格的明显差异吧。

但是，如果重新加以审视，长谷川的作品与出自"野武士"之手的20世纪80年代的后现代派建筑作品，意外地存在很多共通点。例如，被命名为地球仪、宇宙仪的球体造型与毛纲作品中的宇宙论相通，而泥瓦工艺、瓦材修饰又令人想到石山的伊豆长八美术馆（1984年，P232）。如果将这些视为引用，那么长谷川与石井和纮的手法也有关联性，而连绵的小屋顶，虽然有别于"野武士"，却使人联想到

A 南侧全景 | B 横跨在"地球仪"（天文馆，左）与"宇宙仪"（市民剧场，右）之间的桥梁 | C 给人聚落印象的小屋顶群 | D 环绕建筑屋顶的回游式动线 | E 儿童馆二层的画廊 | F 儿童馆的椅子上镶嵌着玻璃珠 | G 展示大厅的树木再现了森林 | H 市民剧场内部的圆形舞台

原广司的聚落建筑。从这个意义上来讲，这座建筑是日本后现代主义的集结篇。

另外，这座建筑也先行实施了后来才诞生的建筑设计。它使用的冲孔金属板、玻璃等透明材料被广泛用于20世纪90年代的建筑，而将建筑埋入地下，是限研吾等建筑家在20世纪90年代中期使用的手法。湘南台文化中心是连接20世纪八九十年代、处在时代交汇点上的建筑，我们也可以将其视为改变了建筑发展方向的作品吧。

冲孔金属板的二重性

这座建筑融合了多种特征，但要说其中最具特色的材料，就是冲孔金属板了。在这座建筑中，从外部构造到室内装饰，随处可见冲孔金属板的应用。

伊东丰雄也经常使用这种材料。伊东与长谷川同龄，两人都曾在菊竹清训手下修行，属于盟友。虽然在对冲孔金属板感兴趣这一点上，两人也是一致的，但使用的方法有所不同。从流浪者餐厅（1986年）、横滨风之塔（1986年）就可以看出，伊东将建筑视为空洞的、现象性的，为了消除其形状而使用了冲孔金属板。与此相反，长谷川则利用这种材料创造了屋顶的造型、树木、云等象征性的形状。从这一点上可以窥见两人的不同立场。

不过，他们为何如此执着于使用冲孔金属板这种材料呢？

冲孔金属板可以控制光线和空气，在遮挡的同时使之通过，兼具相互矛盾的功能。基于这一点，有些建筑家将其用作窗外遮挡视线的屏风。但是，如果想采用透光性好的金属材料，还可以选择多孔金属网，他们却执着于开有圆孔的冲孔金属板。

原因可能在于视觉上的印象吧。铝材暗淡的光泽有种冷酷感，但上面无数个开孔形成的水珠造型，又呈现出可爱感。这种材料不仅在功能上，在外观上也兼具矛盾的性质。

除此之外，这座建筑还融入了多种二元对立，如人工与自然、金属与土、复杂性与单纯性、圆形与三角形等。以上这些并没有整合为一体，而是同时并存。作为象征这种二重性的材料，冲孔金属板覆盖了整座建筑。

看小说或电影时，有一种欣赏方式是"沉浸在作者的世界观之中"。就像在窥探与现实世界毗邻的**平行世界**一般，令人兴奋不已……

这座湘南台文化中心正是一个"距离车站5分钟路程的平行世界"。人们可以完全沉浸在20世纪80年代长谷川逸子的世界观之中。

这是公共建筑吗？简直令人难以置信。

← 前往湘南台站

冲孔金属板森林将迎接来自车站方向的到访者。

爱丽丝梦游冲孔金属板之国

屋顶的回游步道上遍布"带刺"的屋顶和植物。

从三颗行星之间穿过的桥梁。

呀！

哒哒哒！

等等我！

哦！仙境

真想让蒂姆·波顿看看这座建筑！

电影《爱丽丝梦游仙境》的导演

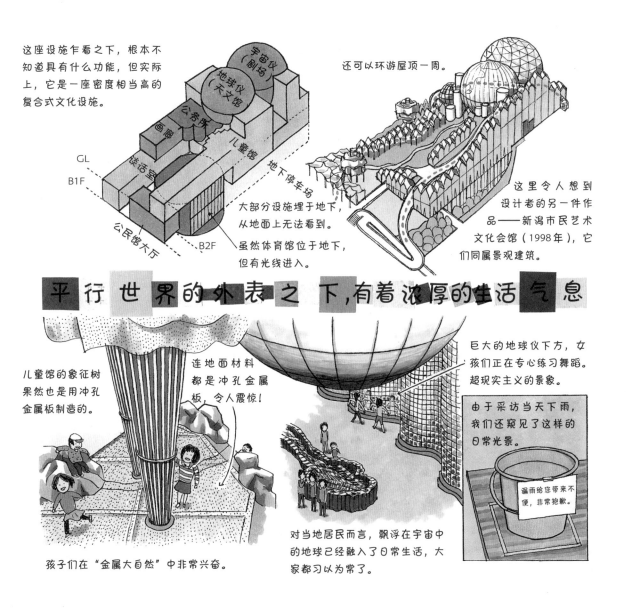

这座设施乍看之下，根本不知道具有什么功能，但实际上，它是一座密度相当高的复合式文化设施。

宇宙仪（剧场）

地球仪（天文馆）

画廊

公务局

儿童馆

GL

谈话室

B1F

公民馆大厅

B2F

地下停车场

大部分设施埋于地下，从地面上无法看到。

虽然体育馆位于地下，但有光线进入。

还可以环游屋顶一周。

这里令人想到设计者的另一件作品——新潟市民艺术文化会馆（1998年），它们同属景观建筑。

平行世界的外表之下，有着浓厚的生活气息

儿童馆的象征树果然也是用冲孔金属板制造的。

连地面材料都是冲孔金属板，令人震惊！

巨大的地球仪下方，女孩们正在专心练习舞蹈。超现实主义的景象。

由于采访当天下雨，我们还窥见了这样的日常光景。

漏雨给您带来不便，非常抱歉。

孩子们在"金属大自然"中非常兴奋。

对当地居民而言，飘浮在宇宙中的地球已经融入了日常生活，大家都习以为常了。

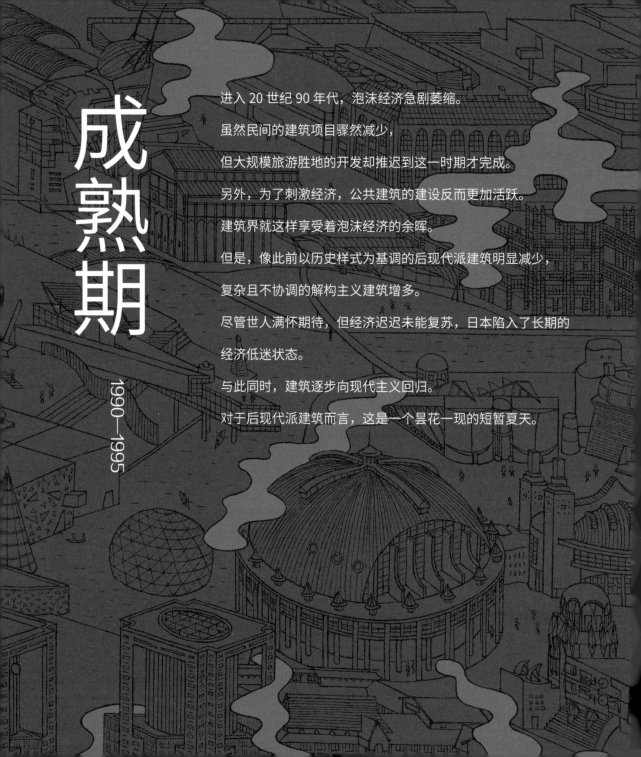

成熟期

1990—1995

进入 20 世纪 90 年代，泡沫经济急剧萎缩。

虽然民间的建筑项目骤然减少，

但大规模旅游胜地的开发却推迟到这一时期才完成。

另外，为了刺激经济，公共建筑的建设反而更加活跃。

建筑界就这样享受着泡沫经济的余晖。

但是，像此前以历史样式为基调的后现代派建筑明显减少，

复杂且不协调的解构主义建筑增多。

尽管世人满怀期待，但经济迟迟未能复苏，日本陷入了长期的

经济低迷状态。

与此同时，建筑逐步向现代主义回归。

对于后现代派建筑而言，这是一个昙花一现的短暂夏天。

1990

矗立于涩谷的高达

渡边诚 / 建筑师事务所

东京都

青山制图专科学校 1 号馆

地址：东京都涩谷区莺谷町 7-9　结构：RC 结构，部分 SRC 结构、S 结构　层数：地上五层　建筑面积：1479 平方米

策划：鹿光 R&D　设计：渡边诚 / 建筑师事务所　结构设计：第一构造

设备设计：川口设备研究所、山崎设备设计事务所　施工：鸿池组　竣工：1990 年

强烈的视觉冲击。巨型机器一般的主体上承载着巨蛋与触角。这座外观背离常规的建筑，就是位于东京涩谷的青山制图专科学校的1号馆。

穿过令人迷失远近感的入口大门，门厅的天井也是倾斜的。内部一层是办公室和图书室，地下一层和二至五层是教室。虽然倾斜的墙壁随处可见，但是与外观的印象相比，已经非常正式了。顶层的休息室内摆满了学生制作的建筑模型。

这座校舍的建设规划始于20世纪80年代末，正值泡沫经济的巅峰期。建筑界出现了人手不足的问题。这也是建筑专科学校学生人数增长的时期，抓住这个机会，学校通过举办国际公开设计竞赛，开始规划具有标志性的新校舍。

担任审查委员长的是著名建筑设计竞赛研究者、时任日本大学教授的近江荣。此外，池原义郎、山本理显二人以建筑家的身份进入审查人员之列。虽然这是一座小型的民间建筑，但却执行了正规的审查制度。从87个应征方案中脱颖而出，获得第一名的是来自矶崎新工作室的渡边诚的设计方案。当时渡边不到40岁，几乎没有建筑上的成就。

热情的委托人规划了一座野心勃勃的建筑，被任用的年轻建筑家由此一鸣惊人。看来这一时期，年轻建筑家最大限度地享受到了好景气的恩惠。

如今，在这座建筑前架起相机的建筑爱好者仍旧络绎不绝。据说，在升学指导的说明会上展示校舍照片时，学生们便会不住地发出惊叹。通过向建筑界做宣传，并给报考学生留下深刻的印象，这座建筑在宣传效果方面的经济价值是不可估量的吧。

为数不多实现解构主义的案例？

建筑巡礼后现代派篇将由此开始介绍1990年以后竣工的建筑。这一时期应被称作成熟期，此时的建筑虽然受到引用以往建筑样式的后现代派的影响，但不满于此的建筑家也在探索能够接替的风格。

新生势力之一便是解构主义。这一建筑设计的流派，其外观特征是倾斜的墙壁与地面、锐利的碎片化形态及错综复杂的轴线等。此前作为主流的后现代派致力于建造亲近大众且易于理解的建筑，而解构主义则是精英化、门槛

A 全景。建筑坐落于东京涩谷小型建筑集中的区域 | B 屋顶。椭圆旋转体是高架水箱，红色天线具有避雷针的功能 | C 入口部的外墙。如同强调透视法一般变形的整体 | D 门厅内景。天井是倾斜的 | E 五层南侧的报告厅，也被用作教室 | F 背面（南）的外部楼梯。墙面上有黄蓝条纹图案

很高的建筑。它结合了法国哲学家雅克·德里达、比利时文学批评家保罗·德曼等人提出的令人费解的理论。

解构主义于20世纪80年代前半期出现在建筑界，1988年，纽约现代美术馆举办的解构主义建筑展推广了这一流派。在该展览中出展的彼得·艾森曼、丹尼尔·里伯斯金、扎哈·哈迪德、蓝天组等建筑家及事务所，被视为解构主义的发起者。

回到青山制图专科学校的话题上，其倾斜的墙壁与天井、刀割一般的开口部、极力延伸的凸起等，都与解构主义建筑有共通之处。因此，笔者想将其定义为日本为数不多且在最初期实现解构主义的案例。

安装了双腿的机动战士

但是，这座建筑最终以另一个昵称——高达建筑，受到了人们的喜爱。不用多做解释，这个名字的由来是因为它使人联想到以《机动战士高达》（1979年）为开端的一系列动画作品中登场的巨型机器人。

如果执着于细节的话，可能会出现这样的异议——与其说以银色金属为基调的装饰像高达，倒不如说更像宇宙刑事（如《宇宙刑事卡邦》等）。但是，同样被称作高达建筑的高松伸、若林广幸的建筑作品，是对复古机器的模仿（称之为"铁人28号建筑"更恰当？），而与之相反，青山制图专科学校在令人感受到近未来机器这一点上，高达特性更为突出。

高达的高度设定为18米，其实与这座建筑的高度差不多。2009年，东京的台场展出了等比例大的高达像，一时成为话题，但在此之前，这座建筑才是"现实版的高达"。

这令我想起了《机动战士高达》中的著名场景。登场人物夏亚·阿兹纳布尔看到新型的机动战士没有安装双腿，便指出了这一点，而技术人员却回答道："那样的装饰，伟大的人是不需要的。"确实，在宇宙空间战斗的机体，或许不需要双腿。但是，如果安装上双腿的话，看起来更有型，而且实际上，以高达为首的大部分机动战士都有双腿。

这座建筑也设置了许多与功能几乎无关的部件。但是，它们的存在还是有必要的，就像高达的双腿一样。

这座建筑于1990年春竣工，同一时期，笔者（宫泽）被分配到了《日经建筑》。文科出身的我，看到这座建筑时，不免有些愕然。

呃，这是最新潮的建筑吗？

搞不懂

吓了一跳

建筑新人

时隔20年再次造访青山制图专科学校，它与周围的住宅区意外地融为了一体。

咦？并没有想象中那么浮夸。

这是巧合吧？超市招牌的朱红色也与校舍非常搭调。

NOA大厦
1974年

至少不会像在街上偶遇白井晟一的建筑时那样，产生异样的感觉。

哇，墓碑……

此次故地重游时隔20年。从中可以看到自己的成长吗？

避雷针

高架水箱

大概是因为20年的岁月适度褪去了材料的光泽，以及各部件原本就被细致划分。

各个部件并不完全是装饰。红色的触角是避雷针，银色的橄榄球是高架水箱。

呈放射状延伸的3根管道，同时也是五层的固定支架（结构材料）。

正门位于二层。

如同视错觉一般，强调远近感的设计。

青山制图专科学校

↑
由桥梁进入

位于西侧的半地下庭院是学生们放松交流的场所。

绿树成荫，令人心情舒畅。就像青春剧中的场景。

虽然教室的部分墙壁是倾斜的，但是并没有显得很怪异。

五层

四层

乍看之下，设计得随心所欲，结构简单。

高架水箱

教室   5F
休息室   教室   4F
         教室   3F
       办公室
       图书室
门厅
       教室
发索   EV
2F
1F   庭院（半地下）

但实际上是一座克制的建筑？

与被认为设计过剩的细节不同，矩形组合而成的平面非常简单。"设计者在接受所有条件的情况下，在其他部分上一决胜负！"这种态度与村野藤吾很相似。

建筑中存在 1% 的圣域。
节制 节制
村 野

公开竞赛的审查人员之一是深受村野藤吾影响的池原义郎，这是巧合吗？

诸如此类，笔者也能用20年的积累道出个所以然了，是该为"20年的成长"感到庆幸，还是该为"已经与建筑界难舍难分"而叹息呢？本人的心情与这座建筑一样复杂。

1990

顺路拜访

焦耳 A

切莫将其轻视为『一招爆笑』

（空有颜值的建筑） 铃木爱德华建筑设计事务所

地址：东京都港区麻布十番1-10-1　结构：SRC结构、S结构　层数：地下四层、地上十一层

建筑面积：9864平方米　设计：铃木爱德华建筑设计事务所　施工：鹿岛　竣工：1990年

东京都

这座建筑建于麻布十番的车站附近、首都高速公路旁。外装的冲孔金属板至今维护得非常干净。顺便一提，矶老师的办公室也在麻布十番。

这是一座外墙有"裂痕"的大厦。那就是只有主立面出彩的"一招爆笑"建筑吧？焦耳A很容易被这样定性，但仔细观赏就会发现，它是非常耐人寻味的。

如此强烈意识到与高速公路之间关系的建筑很罕见吧？从高速公路上看到的上部主立面（冲孔金属板）自然令人印象深刻，而从地面（高架下方）观赏到的低层部分的外观也充满都市感，非常酷。

哇！

大概是这样的。
↓

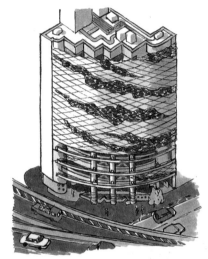

从一至三层的室内中庭望过去，弯曲的钢架与高速公路重叠在一起。

铝材冲孔金属板的另一个功能是遮挡从高速公路看向办公室的视线。

4楼、6楼

办公室

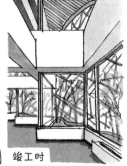

竣工时

"一招爆笑"建筑？非也非也，焦耳A是带来多重惊喜的实力派建筑。

1991

于是大家都变轻盈了

伊东丰雄建筑设计事务所

熊本县

八代市立博物馆　未来之森博物馆

地址：熊本县八代市西松江城町 12-35　结构：RC 结构、部分 S 结构　层数：地下一层、地上四层

建筑面积：3418 平方米　设计：伊东丰雄建筑设计事务所　结构设计：木村俊彦构造设计事务所

施工：竹中工务店·和久田建设·米本工务店 JV　竣工：1991 年

在绿色小丘缓缓升高的坡道之上，薄金属屋顶轻巧相连。无论在周围转上一圈还是两圈，其外观规模都比想象中的市立博物馆小，一派公园休憩场所般的风情。这是八代市立博物馆给笔者留下的第一印象。

走近建筑，垂直的表面基本上被玻璃覆盖。正面一侧几乎没有设置墙壁。进入门厅后回头一看，外面的风景如全景画一般展现在眼前。

入口在二层。也就是说，看起来像山丘的部分，是将建筑的一层遮盖起来的人造景观。八代市是自江户时代利用排水造地发展起来的城市，因此土地没有高低起伏。人造山丘在融入周围环境的同时，也成了景观的亮点。

沿楼梯下行，位于尽头的一层常设展厅中，自然光从天窗和南面进入。圆柱以恰当的间隔随机排列，给人一种在林中散步的感觉。

观赏至此的到访者接下来会对这里产生兴趣吧——从外面眺望时，它看起来像是飘浮在拱顶上方的内部空间。但是，那里未对外开放，因为它实际上是仓库。

将仓库置于最高处，也是用地条件所限。公园内的建筑面积率设定得很低，而且这里过去是海，地下水的水位较高，无法设置地下室。因此，如同逆风而行一般的羽翼状空间被抬升至高空。

建筑整体被精心使用着。虽然也有漏雨和路面开裂的地方，但并不显眼。真不敢相信这座建筑已有近30年历史了。

投入消费的海洋

这座建筑是作为"熊本艺术城邦"的参与项目而建设的。"艺术城邦"是一项通过建筑振兴文化的政策，是后来任日本首相的细川护熙在任熊本县知事时期（1988年）所推行的政策。设计者的选拔并未采用常见的投标或提案等方式，而是根据最高负责人的推荐来选定。首任最高负责人矶崎新指定伊东丰雄为八代市立博物馆的设计者。

伊东与本书中早前登场的石山修武、毛纲毅旷、石井和纮、安藤忠雄等人，都生于20世纪40年代前半期，同属被称作"野武士"的世代。虽然伊东以中野本町之家、银色小屋等单户独立住宅的设计声名大噪，却一直没能接到大型建筑的设计工作。因"熊本艺术城邦"而获得的八代市立博物馆的设

A 经由人工山丘通往入口的坡道。南希·芬利、伊东丰雄担任外部构造设计 | B 被抬升至最顶部的仓库 | C 一层常设展厅，陈列着介绍八代历史和文化的史料 | D 架设于入口部上方的拱顶 | E 二层门厅。利用大玻璃窗接连内外 | F 通往一层常设展厅的下行楼梯

计工作，是他首次设计公共建筑。虽然他在2010年获得了高松宫殿下纪念世界文化奖，且即便与同代建筑家相比，他的表现活也跃且出众，但在那一时期，他在建筑上取得的实际成就还落后于人。

但是，伊东的理念却在领跑。1989年，他发表了一篇题为《不沉浸在消费的海洋中，就不会有新建筑诞生》的文章。在流行风格潮起潮落、高度发达的资本主义世界中，伊东提倡建筑不需要抵抗，而应该投入其中。

"酷日本"的先驱

进入20世纪80年代后，日本社会变得越来越"轻盈"。

索尼公司推出的便携式音乐播放器"随身听"，一经发售便受到了追捧（1979年）。汽车制造商推出的奥拓、大发等轻型汽车（1979年、1980年），至今仍是热销车型。描述当时热门商品发展趋势的"轻薄短小"一词，也成为流行语。

香烟也向低焦油、低尼古丁化发展，柔和七星、和平特醇等产品陆续上市（1985年）。

在出版界，用日常口语写作的"昭和轻薄体"掀起了热潮。进入20世纪90年代后，还确立了以初高中生为主要阅读人群的、被称作"轻小说"的小说类型。

八代市立博物馆轻盈的屋顶设计，是将建筑融入以"轻盈"为目标的社会形势，做出的尝试。

在建筑领域的后现代派中，石材贴装曾是人气设计，但随着泡沫经济的终结，也沉寂了下来。取而代之崭露头角的，是伊东及受其影响的年轻建筑家打造的"轻建筑"。

他们的作品受到了世界的瞩目。1995年，纽约现代美术馆举办了名为"轻结构"的展览会，伊东设计的松山ITM大楼（1993年）、下诹访町立诹访湖博物馆（1993年）是其中的重磅展品。另外，其弟子妹岛和世的作品再春馆制药厂女子宿舍（1991年），也被用作展览图鉴的封面装饰。

现在回想起来，这或许是发源于日本的文化在海外受到推崇的"酷日本"现象的先驱。因轻盈，伊东飞向了世界舞台。

对后现代派建筑的第一印象多数是左脑感到的"原来是这么回事啊"。这次久违地……

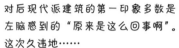

哇，很漂亮！

左脑　右脑

刺激右脑的是轻盈的拱顶与其落下的阴影形成的鲜明对比。

这一时期建造了众多以"轻盈感"为主题的建筑，但是这般具有"飘浮感"的建筑应该找不出第二座吧？

本应是展示设施"沉重感"的仓库，被抬升至最顶层，化作"轻盈"的象征。

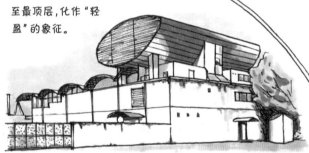

看上去复杂的屋顶，俯视时，形状出乎意料的简单。令人震惊！

N

巨型仓库看起来像是轻盈飘浮在空中……

另一处

刺激右脑的地方是绿草坪。简直美如画，修剪得非常平整。

矶老师如是说

是因为断面令人联想到飞机的机翼吧？

浮力

有道理。

你是认真的吗？

基本上每天都会修剪。

博物馆的工作人员

欸！

其实造访当天也修剪过了。

干得漂亮！

不仅草坪，这座建筑的整体维护
状态也很好。

位于二层的入口，无论是地面还
是天井都闪闪发亮。

黑色塑料篷布

虽然听说拱顶的接缝处会漏雨，
但处理得非常好，并不显眼。

连时间一久就容易变得凌乱的茶座，
也基本保持了竣工时的模样。
很高兴能感受到这里的人们希望保持
原状、珍惜使用这座建筑的意愿。

大桥
晃朗（已故）
设计的家具也还在。

很可爱

与外观和入口给人的强烈印象相
比，常设展厅（一层）很普通。

随意排列的立柱应该是这里的特色，
但由于与展柜重叠，所以并不显
眼。从天窗射入的自然光也
与人工照明区别不大。

展厅
平面图

是一座"古坟"？

伊东为
什么会在一层填土？如果是
想利用拱顶营造轻快感，这样设计应
该也不错。

↓ 这样的话，展厅也可
以做成开放式的？

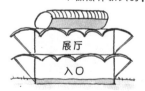

展厅

入口

入口

展厅

仔细观察外观时，忽然灵
光一闪。难道这些土……

另外，伊东是不是将历史博物馆的功能比作了太
古时代守护宝物的翼龙？这座建筑之所以具有强
烈的飘浮感，或许是因为参观者无意中领会了它
的神话色彩……这个说法牵强吗？

1991

Memento mori—谨记死亡

隈研吾建筑都市设计事务所

东京都

M2（东京 Memolead 礼堂）

地址：东京都世田谷区砧 2-4-27　结构：RC 结构　层数：地下一层、地上五层　建筑面积：4482 平方米

设计：隈研吾建筑都市设计事务所　策划：博报堂　结构设计、设备设计：鹿岛　施工：鹿岛　竣工：1991 年

面向东京的环状八号线公路矗立，且架设着巨型立柱的建筑就是M2。

建筑竣工于泡沫经济即将结束的1991年，原本是汽车公司马自达子公司M2的总部大楼，是与客户沟通，进行新车型企划、开发的据点。

M2这一名称的其中一个含义是"第二个马自达"。当时的马自达在日本汽车制造商中处于领军地位，以"俊朗"品牌销售类似欧洲车的高端汽车。

M2在20世纪90年代中期退出市场。这座建筑之后也一度由马自达销售公司使用，但最终在2002年被出售。买家是Memolead公司，这是一家以九州和关东地区为据点，从事婚丧嫁娶、酒店、旅游等业务的集团企业。

Memolead公司将建筑改装成殡仪馆。展厅和活动大厅成为大中小型的殡葬礼堂，内部还设有法事厅、亲属休息室等。

尽管用途完全改变了，但外观却几乎没有改动。令人惊讶的是，M2的标志仍保留在外墙上。地下仓库中至今还保存着失去用武之地的汽车千斤顶设备。

后现代派的终结

构成外观特征的立柱，顶部采用了螺旋状装饰。这是希腊建筑中的爱奥尼柱式。立柱直径为10米，内部设有电梯和中庭空间。这座建筑夸张地放大、引用了古典建筑样式，因此常被视为日本后现代派建筑的代表作。

采用巨型立柱的原因之一，是让行驶在"环八"上的司机更容易辨认。考虑到司机视线的看板建筑，与在美国主导后现代派建筑的罗伯特·文丘里所赞赏的拉斯维加斯的建筑思路一致。从这一意义上说，M2在原理上也属于后现代派建筑吧。

但是，这种手法也将后现代派建筑的"小伎俩"暴露在了世人面前。由此，M2在建筑界的评价极低。其结果就是，这种引用古典建筑样式的后现代派建筑，此后如退潮一般逐渐减少。设计者隈研吾也摒弃了这一手法。从这一意义上来讲，M2也是一座象征后现代派终结的建筑。

说起来，在希腊建筑的柱式中，既有多利亚柱式，也有科林斯柱式。为什么M2偏偏选用了爱奥尼柱式呢？这是因为爱奥尼柱式的柱

A 隔着环状八号线公路所见的全景 | B 仰视爱尼式立柱的柱头部 | C 仰视立柱内的中庭。电梯井上方设有天窗 | D 三层的谈话室。设有大理石长桌 | E 二层的活动大厅现用作殡葬礼堂 | F 一层的殡仪馆接待处（谈话室）。如同废墟一般的混凝土墙壁上装饰着玻璃块

头装饰看起来像是汽车的轮胎吧。

这座建筑的委托人是汽车公司，因此隈研吾试图将汽车与希腊神殿相结合。这两者在勒·柯布西耶的著作《走向新建筑》（原著1923年）中，并列刊载于同一页。

汽车是开辟新机器时代的设计典范，而希腊神殿则被视为赞颂建筑原始美感的建筑形式。将两者结合是勒·柯布西耶所主张的现代派。

古典建筑与机器美学的融合——这一由现代派引发的独创性构想，蕴藏在这座后现代派建筑之中。

碎片化的建筑史

除了现代派与后现代派，这座建筑还引用了多个时代的建筑。

能够指出具体建筑的引用例子，如正面左侧作业空间的突出部分，令人联想到苏联前卫建筑家伊万·列奥尼多夫的重工业人民委员会大厦设计竞赛方案（1934年），而将单座立柱放大成巨型立柱加入建筑的构想，令人想起阿道夫·路斯的芝加哥论坛报大厦设计竞赛方案（1922年）。

还有一些模糊的参照，如低层部的拱形是罗马建筑的特征，而中庭的垂直空间令人联想到哥特建筑。随处可见的崩塌石砌风格设计与别致的废墟趣味有共通之处，增加透明度的玻璃幕墙则属于20世纪的高科技建筑。

隈研吾在打造M2的前一年，设计了同样上上下下堆砌着历代建筑样式、名为"建筑史再考"的大楼，但在M2中，他更大胆地展现了这一手法。

在这座建筑中，从古代到现代，人们像观走马灯一样观赏着碎片化的建筑史，就像人们常说的临死前看到的影像一般。也对，这座建筑已经经历过一次死亡了。

这是一座为建筑之死吊唁的建筑。M2实际上可能蕴含了Memento mori（拉丁语，意为"谨记死亡"）的意思。后来以殡仪馆重生的命运，看来早已注定。

本次的巡礼地是日本后现代派的金字塔——M2。它位于"环八"公路沿线，因此笔老对其外观很熟悉，但是进入内部还是第一次。非常激动。

这里原本是马自达子公司M2的总部大楼，但2002年被Memolead买下，化身为殡仪馆——东京Memolead礼堂。

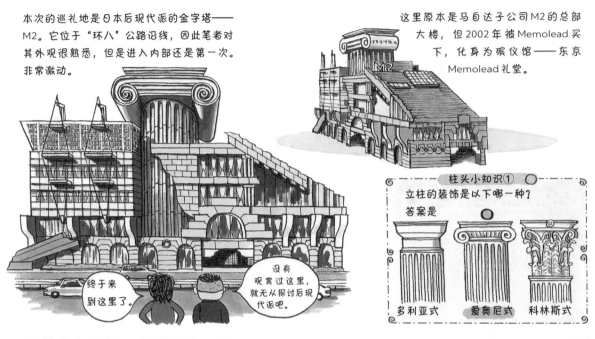

柱头小知识①

立柱的装饰是以下哪一种？

答案是

多利亚式　　爱奥尼式　　科林斯式

从希腊到苏联先锋派，外观融合了相隔2500年的样式

外观的台基部分是块材砌筑构造风格的连续拱形（实际上是RC结构）。

凸出于玻璃主立面的张力构件材料，引用自列奥尼多夫的重工业人民委员会大厦设计竞赛方案。

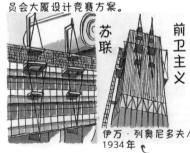

苏联　前卫主义

伊万·列奥尼多夫/1934年

巨大的柱头是在向路斯的芝加哥论坛报大厦设计竞赛方案致敬吗？

多利亚式　巨型柱头

阿道夫·路斯/1922年

这些知识现学现卖，都是矶老师告诉我的。

"这里原本就是殡仪馆吧?"——会产生这样的错觉是因为室内毫无违和感

一层平面

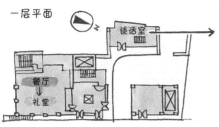

一层的谈话室保持了原状。玻璃块强调了希腊风格的立柱。

木质的接待台是Memolead特别定制的。

截面图

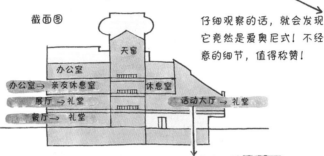

仔细观察的话,就会发现它竟然是爱奥尼式!不经意的细节,值得称赞!

走廊里到处装饰着样式建筑的装饰画。

柱头小知识②

顺便一提,屋顶的M2标志保留至今的原因是,对于Memolead而言,这座设施是公司进军东京的第二根据地。

即Memolead 2

最具魅力的是二层北侧的大礼堂。原本的活动大厅仅仅加装了祭坛和环形照明,就成功改装成了殡葬礼堂。

思考 时间

现代派是"功能=形式",但后现代派与功能无关。难道说,后现代派更适合改装?

1991

浮在泡沫上的黄金城堡

永田·北野建筑研究所

和歌山县

川久酒店

地址：和歌山县白滨町 3745　结构：SRC 结构、RC 结构　层数：地上九层　建筑面积：26076 平方米

设计：永田·北野建筑研究所　施工：川久（直接委托）　竣工：1991 年

一座威严庄重的建筑矗立在水面另一边，那光景就像是奇幻电影中的场景。沿着家庭旅馆和餐馆集中的南纪白滨温泉街前行，沐浴在阳光下金碧辉煌的城堡便会展现在眼前。穿过围墙中央的大门，工作人员就前来迎接我们了，"欢迎光临！"。

这座看上去像城堡的建筑就是川久酒店。原本在此地经营的旅馆通过改建，转型为这样一座全套房超豪华度假酒店。

担任设计的是永田·北野建筑研究所。负责人永田祐三是一位建筑鬼才，自任职于竹中工务店设计部时期起，就陆续打造了三基商事东京分店等多座不像大型综合建筑公司风格的复杂建筑。永田表示，设计这座酒店时，他收到了卢克索神庙、布达拉宫、紫禁城等世界著名大型建筑的神谕。因此，如同西方与东方共存一般，这座建筑包裹着不可思议的外观。

更令人震惊的是内外装饰非比寻常地考究。覆盖外墙的140万块砖材由英国伊布斯托克公司制造，瓦产自中国，和紫禁城使用的是同种瓦材，据说是获得了特别许可才得以使用这种皇帝专用瓦材。大厅规模宏大，地面是逐块手工镶嵌的罗马马赛克，其上方架设的拱形天井铺贴了金箔。

这种规模的建筑，施工是不可能承包给大型综合建筑公司的，因此采取了直接委托的方式，并且从世界各地聘请了铜板屋顶工匠、泥瓦匠、木匠、金匠、烧成器物工匠等各行各业的匠人，请他们大显身手。

其结果就是，这座建筑花费了巨额的工程费。据说，最初约180亿日元的预算，后来涨到了300亿日元。

与泡沫经济同步

有人评价这座酒店是诞生于泡沫时代的后现代派建筑代表作。

泡沫经济的起因是1985年五大经济强国准许对美元汇率进行调整，即所谓的"广场协议"。川久酒店刚好于同年展开设计。随着计划推进，日本经济泡沫不断膨胀，1989年年底开始施工时，日经平均股价达到了38915日元的最高点。

日本企业对美国企业及资产的收购风潮也始于这一时期，如现在隶属索尼公司的哥伦比亚电影公司、隶属三菱地所株式会社的洛克菲勒中心等。当时，振兴度假区也顺势作为一项

A 建筑正面的车廊。瓦产自中国，入口的墙壁用土佐灰泥抹成 | B 塔顶的兔子是巴里·弗拉纳根的雕刻作品 | C 威尼斯玻璃制作的灯具 | D 大厅的天井铺贴了金箔。立柱由久住章使用仿大理石的手法制成 | E 东侧休息室。地面是意大利工匠铺贴的马赛克瓷砖 | F 主餐厅兼西餐厅 | G 萨拉·塞里伯蒂宴会厅。天井上描绘着湿壁画 | H 客房全部为套房，设计各具特色

国策加以推行。

1991年，川久酒店终于落成。由于实行会员制，只有全额缴纳2000万日元入会费的会员才能入住。从建筑的奢华程度来讲，达到这一金额也是无可奈何的事。但是，时代洪流的分界发生了变化。日经平均股价跌破2万日元，而东洋信用金库虚构存款事件等金融丑闻轰动一时。泡沫已然破裂了。

度假区的会员券没有预想中畅销，1995年，酒店背负402亿日元债务宣告破产。以北海道为据点，在日本全国开展酒店事业的唐神观光公司将其收购。据说，之后价格降到2万至3万日元一晚，川久酒店作为一般大众慷慨一些就能负担得起的"普通"高级酒店经营至今。

川久酒店与泡沫经济一同诞生，但随着泡沫消失，它也失去了最初的梦想。毫无疑问，川久酒店是泡沫建筑的代表作。但它真的是后现代派建筑吗？所谓的后现代派建筑，就是现代派的身体穿上了样式的衣服，即表面伪装成过去建筑的仿制品。

远看的话，可能无法辨别川久酒店是否属于后现代派，但它对"过去"的引入已经不只停留在表面上了。包括使用真正的传统施工方法在内，它身上遍布着"过去"。从没有做表层伪装的意义上来讲，它更接近于现代派。

后现代派建筑与泡沫建筑，这两者往往是重叠的。的确，正因为处于泡沫时期，才会建造众多后现代派建筑吧。但是，川久酒店虽说是泡沫建筑，却不能被称为后现代派建筑。

历史悠久的仿造技法

但是，如果详细调查川久酒店的"过去"，就会出现另一种观点。例如，大厅的立柱。虽然看起来像大理石，但它其实是将石膏固定后抛光表面，使其呈现出大理石花纹的仿大理石。这是一种常见于德国建筑的历史悠久的施工方法，亦可见于18世纪的教堂建筑等。据说，淡路岛有名的泥瓦工匠久住章为了打造立柱，特意前往德国修行习得了这一技法。在现代建材中，仿造木、石、砖等的外装材料泛滥，这种仿造技术的历史相当悠久。

从很久以前，建筑就会伪装表层。所谓的建筑，或许原本就是后现代派的。矗立在川久酒店的大厅，这样的假说也随之浮现于脑海中。

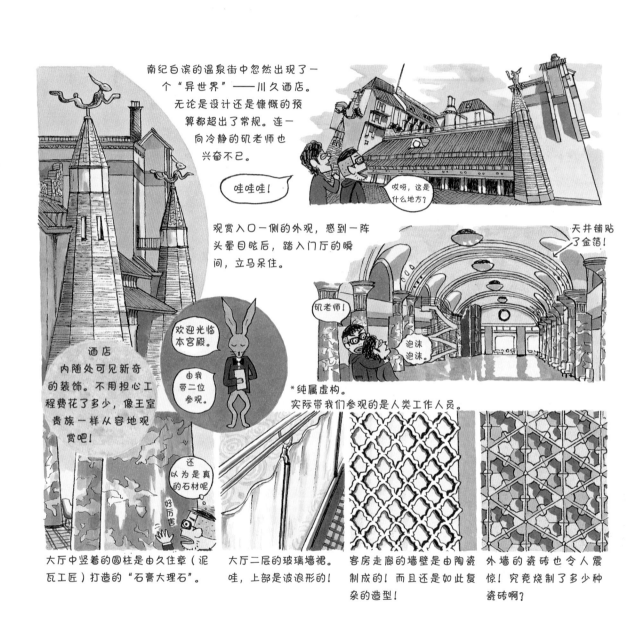

南纪白滨的温泉街中忽然出现了一个 "异世界" ——川久酒店。无论是设计还是慷慨的预算都超出了常规。连一向冷静的矶老师也兴奋不已。

哇哇哇！

哎呀，这是什么地方？

观赏入口一侧的外观，感到一阵头晕目眩后，踏入门厅的瞬间，立马呆住。

天井铺贴了金箔！

欢迎光临本宫殿。

由我带二位参观。

矶老师！

泡沫泡沫

*纯属虚构。
实际带我们参观的是人类工作人员。

酒店内随处可见新奇的装饰。不用担心工程费花了多少，像王室贵族一样从容地观赏吧！

还以为是真的石材呢

好厉害

大厅中竖着的圆柱是由久住章（泥瓦工匠）打造的 "石膏大理石"。

大厅二层的玻璃墙裙。哇，上部是波浪形的！

客房走廊的墙壁是由陶瓷制成的！而且还是如此复杂的造型！

外墙的瓷砖也令人震惊！究竟烧制了多少种瓷砖啊？

312

工艺固然厉害，但"异世界感"还是源自外观的造型吧。

北侧的远景看上去像欧洲的古堡。

圣米歇尔山

但是，细节与欧洲风格相去甚远。

硬要比喻的话，像是在村野藤吾的设计中加入了阿拉伯风味。

我是村野啦。

从哪个角度观赏都如画一般，其中宫泽力荐露天浴池的视角。

这里是最佳观赏地吧……

与西侧住宅区的混搭也别有一番趣味。

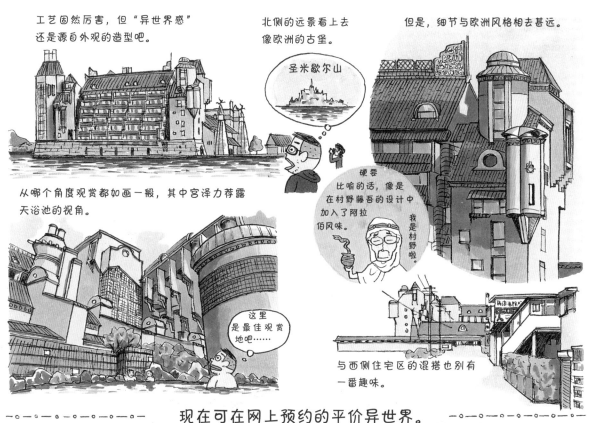

现在可在网上预约的平价异世界。

川久酒店是诞生于1991年的高级会员制酒店。虽然当时是老百姓遥不可及的存在，但现在换人经营后，初次光临的客人也可以入住。

要进去看看吗？

观光巴士排起长龙。

看上去像住在附近酒店的情侣。

川 久

请自由入内

茶室

温泉一日游
1000日元/人

9：30AM—10：00PM
软饮 700日元起
下午茶 1210日元起

美容沙龙
3150日元起

反射疗法
3150日元起

温泉、品茶一日游亦可。由于通货紧缩，"异世界"也变得稀松平常了。从多种意义上来讲，这里都值得建筑业者实地观赏！

1991

欲解构日本之际

高知县

高知县立坂本龙马纪念馆

地址：高知市浦户城山 830　结构：S 结构、RC 结构　层数：地下两层、地上两层　建筑面积：1784 平方米　设计：Workstation
结构设计：木村俊彦构造设计事务所　设备设计：环境 Engineering　施工：大成·大旺建设 JV　竣工：1991 年

即便在日本的历史人物之中，坂本龙马也拥有极高的人气。高知县立坂本龙马纪念馆展示了其成就及为人。纪念馆位于高知名胜地桂滨的山崖之上。虽然已开馆近20年，但至今仍吸引着众多游客到馆参观。特别是采访的前一年，即2010年，受日本放送协会（NHK）大河剧《龙马传》的影响，据说入馆人数是往年的3倍之多。

采访日天气晴朗。环绕建筑外部一周，玻璃表面反射出了碧海与蓝天，格外美丽。坡道外装使用的橙色，与停车场一侧围墙的白色形成了鲜明的对比。因为临海而建，竣工之初，铁材和玻璃的维护令人有些担忧，但建筑保持得比想象中要干净。

由一层的近山一侧进入内部。虽然一般会想先爬上坡道，但在开馆几年后，坡道变成了出口专用。付过参观费用后，穿过接待处，便来到了设有银幕的礼堂。由此沿楼梯下行，首先来到了地下的小型展厅。观赏过后，乘电梯前往二层。二层设有常设展览、企划展览、纪念馆商店等。虽然常设展览分设在两个楼层令人有些困惑，但可能是因为玻璃贴装的二层不能展示贵重展品吧。

最为精彩之处是位于二层展厅尽头、名为"空白台"的空间。在这里，可以透过玻璃远眺室户岬与足折岬之间的广阔海域。由此可以深刻体会到，"原来龙马曾以如此开阔的视野眺望世界啊"。现在屋顶平台也对外开放，在那里也可以观赏海景。相比展览，首先通过风景来切身感受龙马，看来这才是参观这座纪念馆的意义。

在逆转中诞生的灰姑娘

这座建筑是通过公开设计竞赛来选定设计方案的。竞赛吸引了众多参赛者，登记人数共1551人，最终应征人数475人。本书早前收录的毛纲毅旷、高松伸、隈研吾、象设计集团等优秀建筑家及团体的名字都出现在应征者的名单中。再仔细一看，当时尚无名气的妹岛和世、横沟真、手冢贵晴等建筑家也参与了角逐。那时的手冢应该还是学生。

在这一阵容中脱颖而出摘得桂冠的，是同样初出茅庐的高桥晶子。彼时高桥才30岁，任职于筱原一男工作室。高桥方案当选有些曲折。在进入最终审查阶段的3个方案中，没有审查员推选高桥的方案，而其他两个方案获得

A 国民宿舍一侧全景。玻璃映出了大海 | B 二层常设展厅中，悬索结构的缆绳裸露在外 | C 屋顶用作眺望海景的观景台 | D 二层的企划展厅和纪念馆商店 | E 用作出口通道的坡道。照片左侧是入口。开馆之初，坡道也曾被用作入口 | F 地下二层的常设展厅 | G 二层尽头是可以眺望太平洋的"空白台"

相同票数，审查员的意见分为两派。

在讨论陷入胶着之际，审查委员长矶崎新改变方针，宣布推选高桥的方案。迫于形势，其他审查员也表示赞同，就这样，高桥的方案实现了逆转，最终胜出。建筑界灰姑娘由此诞生。

从复古主义到着眼未来

正如前面章节中提到的，1990年前后，建筑设计的潮流从历史主义性质的后现代派转向了解构主义。在龙马纪念馆中，细长的横梁状空间倾斜相交并向空中延伸的形态，也可以说表现出了解构主义的特征。应该也有很多人联想到这一流派的代表建筑家之一扎哈·哈迪德提出的香港之峰俱乐部设计竞赛的一等奖方案（1983年）吧。

我也想到，在最终没有实现的香港之峰俱乐部与龙马纪念馆的评审中，矶崎均作为审查人员。没能在香港实现的项目，矶崎将地点换作高知得以实现，这样看来，这座建筑的创作者应该是矶崎吧。但是，这其中也蕴含着高桥巧妙独到的构思。

高桥在竞赛方案所附的说明中写道："所有空间按功能划分，全部面向大海。各个空间运用各异形态与轴线错位的手法，因此空间彼此独立，更强调方向性，且具有跃动感。我是按照这样的思路进行设计的。"这正是哈迪德风格的解构主义。但是，高桥由此展开了特技般的逻辑。她表示，"建筑富有造型感的形象与龙马的人物形象相互重叠"。

这里我们来回顾一下坂本龙马在历史中发挥的作用。在土佐藩沉迷于"尊皇攘夷"思想的龙马，由于与胜海舟相遇等契机，态度发生了转变，与宿敌萨摩、长州的两藩结为同盟，开辟了日本走向现代国家的道路。简言之，龙马将日本的发展方向由复古主义转向了着眼未来。

作为纪念其成就的建筑，选用风格上设法摆脱历史主义性质的后现代派，的确是恰当的。

龙马是属于解构主义的。正是这种牵强的解读，使得这个方案最终胜出。坂本龙马若是建筑家的话，或许也会建造这样的建筑吧？我不禁这样想。

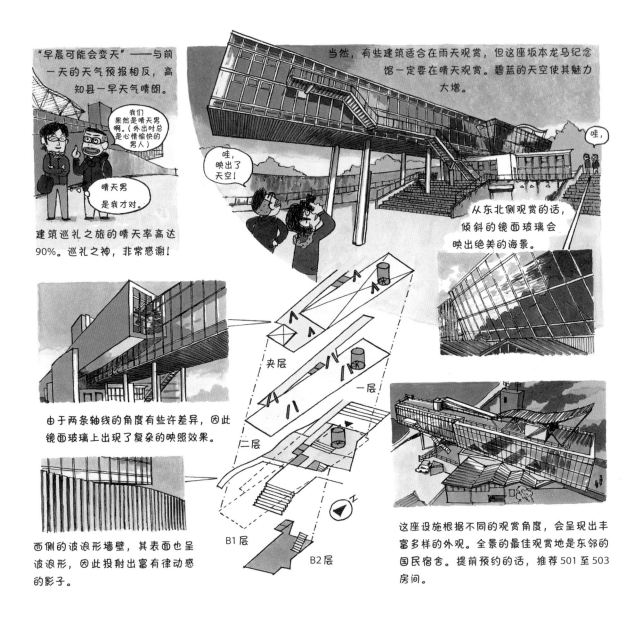

"早晨可能会变天"——与前一天的天气预报相反,高知县一早天气晴朗。

我们果然是晴天男啊。(外出时总是心情愉快的男人)

晴天男是我才对。

建筑巡礼之旅的晴天率高达90%。巡礼之神,非常感谢!

当然,有些建筑适合在雨天观赏,但这座坂本龙马纪念馆一定要在晴天观赏。碧蓝的天空使其魅力大增。

哇,映出了天空!

哇,

从东北侧观赏的话,倾斜的镜面玻璃会映出绝美的海景。

由于两条轴线的角度有些许差异,因此镜面玻璃上出现了复杂的映照效果。

夹层

一层

二层

B1层

B2层

西侧的波浪形墙壁,其表面也呈波浪形,因此投射出富有律动感的影子。

这座设施根据不同的观赏角度,会呈现出丰富多样的外观。全景的最佳观赏地是东邻的国民宿舍。提前预约的话,推荐501至503房间。

318

展厅位于地下二层和地上二层。

B2层

2层

与开馆时相比，展品增多了，但不可否认的是给人的感觉也有些凌乱。

即便如此，在可以观赏海景的南侧，仍保留了一处闲适的"留白"。从这里望到的桂滨景色绝佳。

这就是龙马看到的大海吧？

令人惊讶的是在展览空间中，悬索结构的缆绳裸露在外。

斜拉桥！

由于采用悬索结构，这座建筑对自下而上的强风的抵抗能力较差（晃动）。观察天井的话，可以发现星星点点与漏雨搏斗留下的痕迹。

如果只考虑强风的话，用缆绳拉紧悬臂下部应该会更稳定。

像这样？

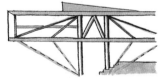

但是，这里是独一无二的坂本龙马纪念馆。下方斜拉缆绳与龙马高瞻远瞩的一生并不匹配！设计者一定是出于这样的判断吧？

虽然设计者是Workstation的高桥夫妇，但参加设计竞赛的代表是高桥晶子。当时她才30岁！这座建筑的"纯粹感"会令人联想到同样位于高知县的海之画廊（1966年），其设计者林雅子当时也是30多岁。土佐的男人在强势的女人面前处于下风。或许正是这样的当地风俗造就了这两座建筑。

龙马，做个男子汉！

龙马的姐姐

顺路拜访

1991

姬路文学馆

这才是安藤！

建筑面积：3814 平方米　设计：安藤忠雄建筑研究所　施工：竹中工务店·吉田组 JV　竣工：1991 年

地址：兵库县姬路市山野井町 84　结构：SRC 结构、部分 S 结构　层数：地下一层、地上三层

安藤忠雄建筑研究所

└─ 兵库县

姬路文学馆位于姬路城的最佳观赏地——男山山麓的原野上。看过展览后，可以上到屋顶观赏姬路城。不仅是内部空间，外部的表现也非常出色

说到"安藤建筑巡礼"，很多人会首先想到神户及濑户内海的直岛吧？不过，姬路也是安藤巡礼的好去处。如果是一日游，可以观赏到3座安藤建筑。

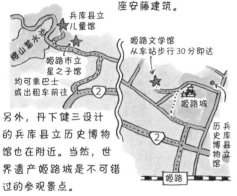

另外，丹下健三设计的兵库县立历史博物馆也在附近。当然，世界遗产姬路城是不可错过的参观景点。

1991年竣工的姬路文学馆（现北馆），在自称"安藤通"的宫泽观赏过的安藤建筑中，可以排到前三。一上来，目光就会被戏剧性的通道吸引。

不愧是"水之魔术师"！

石砌墙壁消失，从圆弧形的坡道可以望见如画一般的姬路城。

原来如此，从这里可以看到姬路城啊

这 才 是 安 藤 ！ 到 姬 路 去 ！

最精彩的是迷宫一般的展厅内部。

这才是安藤！

层层叠叠的空间仿佛是在嘲笑"展览设施设计成四方形箱子比较好"这个定论。虽然结构复杂，但并不会影响参观。

1996年开馆的南馆

N

巨大的水池、狭长的坡道、几何形状的交错，还有一座可以观赏全景的高台……

这座建筑凝聚了20世纪90年代安藤建筑的精髓，且完成度无可非议。即使不是安藤建筑的追随者，它也值得实地观赏！

顺路拜访

1991

宇航员的心情

石川县能登岛玻璃美术馆

建筑面积：1833 平方米　设计：毛纲毅旷建筑事务所　施工：鹿岛・在泽组 JV　竣工：1991 年

地址：石川县七尾市能登岛向田町 125-10　结构：S 结构、RC 结构　层数：地下一层、地上两层

石川县

毛纲毅旷建筑事务所

形似橄榄球的建筑是商店和餐厅。不管怎么看，这里都像是科幻电影场景。如果被蒙住眼睛带到这里，可能会产生人类已经灭亡的错觉

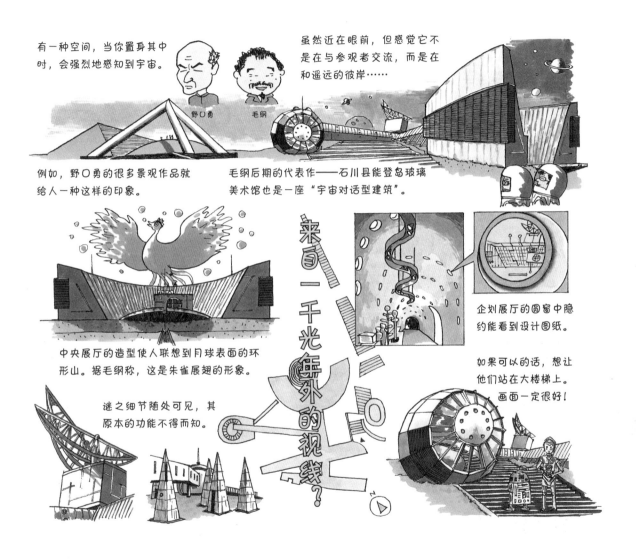

有一种空间，当你置身其中时，会强烈地感知到宇宙。

野口勇

毛纲

虽然近在眼前，但感觉它不是在与参观者交流，而是在和遥远的彼岸……

例如，野口勇的很多景观作品就给人一种这样的印象。

毛纲后期的代表作——石川县能登岛玻璃美术馆也是一座"宇宙对话型建筑"。

中央展厅的造型使人联想到月球表面的环形山。据毛纲称，这是朱雀展翅的形象。

来自一千光年外的视线？

企划展厅的圆窗中隐约能看到设计图纸。

迷之细节随处可见，其原本的功能不得而知。

如果可以的话，想让他们站在大楼梯上。画面一定很好！

1994

通俗的现代建筑

黑川纪章建筑都市设计事务所

爱媛县综合科学博物馆

地址：爱媛县新居滨市大生院 2133-2　结构：SRC 结构，部分 RC 结构、S 结构　层数：地下一层、地上六层
建筑面积：24289 平方米　设计：黑川纪章建筑都市设计事务所　结构设计：造研设计　设备设计：建筑设备设计研究所
施工：清水·住友·安东·野间 JV　竣工：1994 年

爱媛县的新居滨市拥有铜矿山，因此自古以来就是一座繁荣的城市。从市区向山区方向驱车行驶15分钟，通过一座横跨高速公路的大桥后，就到达了爱媛县综合科学博物馆。

这是一座兼具多种功能的复合型设施，各个部分被赋予了各异且明快的几何形态。由四个立方体组成的最大空间是展厅，内部设有由自然、科学技术、工业三大主题构成的常设展览和企划展览。球形栋在开馆之初是世界上规模最大的天文馆，两座半月形的建筑分别是餐厅和学习中心。

另外，连接这些设施的玻璃门厅，以格外醒目的圆锥体造型耸立着。圆形、矩形、三角形和简单图形排列形成的轮廓，使得这座建筑给人非常强烈的印象。

不过，这座建筑的看点不止于此。例如，圆锥体门厅与立方体展厅的衔接部分。接合处呈现出如扭曲抛物线一般的、不可思议的图形。展厅本身也由于立方体中间的倾斜错位，露出了裂缝一般的开口。利用圆柱从门厅圆锥体中隔出来的避风室，其连接方式也很别致。

外墙也做了光滑的表面，但其中一部分环绕着嵌入花岗岩和钛金板制成的随机图案。几

何形态所具有的明快感，以及由此产生的"杂音"，应该就是观赏这座建筑的妙趣吧。

抽象象征

除了爱媛县综合科学博物馆，20世纪90年代以后的黑川纪章也实现了多座采用单纯几何形态的建筑作品。设计者本人将这一手法命名为抽象象征手法。

仅采用圆锥体造型的建筑就有白濑南极探险队纪念馆（1990年）、墨尔本中心（1991年）、久慈市文化会馆琥珀厅（1999年）等。这些建筑采用圆锥体的原因各不相同，白濑南极探险队纪念馆是将冰山进行了抽象化处理，而墨尔本中心则是正好适合将旧工厂的塔保留在内部。虽然各有各的原因，但圆锥体的应用并没有区分建筑类别和地域。根据黑川的说法，抽象象征是"使世界性与地域性、国际性与个性得以共生的手法"。

并且，为了阐明其通用于全世界的普遍性，黑川举出了分形几何学、孤立波、耗散结构论等当时的尖端科学理论。现代建筑的根基之一是现代的科学实证主义，那么21世纪的新建筑也将诞生于新科学——或许黑川是这样

A 仰视门厅。从展览栋利用螺旋坡道下行 | B 俯视门厅 | C 从餐厅隔着水池望向天文馆 | D 天文馆大厅 | E 展览栋三层的科学技术馆展览 | F 学习楼的黑色花岗岩浇筑混凝土 | G 通过水池下方，连接门厅与天文馆的地下隧道

认为的。

这种想法先行一步踏入了卡尔·荣格的同步性理论、鲁伯特·谢多雷克的形态形成场理论等科学的正当性已经被怀疑的、所谓"新科学"的领域。由于服务意识过剩，不由得滔滔不绝起来，这就是黑川这位建筑家的个性。

面向建筑素养匮乏的社会

这样看来，抽象象征与当今的标志性建筑是相通的。关于标志性建筑，本书《朝日啤酒吾妻桥大厦/吾妻桥礼堂》一篇（P274）也提到过。这种建筑利用整体外形，使其具备易于理解的特征。

作为标志性建筑的代表作，建筑评论家查尔斯·詹克斯列举了形似火箭的瑞士再保险总部大厦（诺曼·福斯特设计，2004 年）、如飘动的裙摆一般的迪士尼音乐厅（弗兰克·盖里设计，2003 年），但更为典型的是在中国和中东不断涌现的、仿佛出自科幻漫画的建筑群吧。

为什么标志性建筑会在这些国家受到欢迎呢？因为它们的设计者主要是欧美的建筑家。他们在面对亚洲、中东等文化背景完全不同的委托人时，即便表示自己引用了西方建筑的古典元素，对方也不会理解。因此，海外建筑家在工作中通用的做法，是打造华丽且具有象征性的造型。这是为完全有别于自己的客户做规划时的有效策略。

后现代派建筑将建筑由精英属性降格至大众属性。但是，要品味其中的趣味，还需要具备与设计者相通的文化基础和素养。但是，标志性建筑已不需要这些。正因如此，它才在世界范围内普及开来。

黑川本人素养极高。但他自出道以来，一直积极通过杂志和电视，向不具备建筑知识的普通大众宣讲。对这样一位建筑家而言，选择与标志性建筑相通的抽象象征手法是必然的。

爱媛县综合科学博物馆是天真无邪的儿童经常参观使用的设施，他们与文化和素养处于对立的两极。可以说，正因如此，采用抽象象征手法才十分恰当吧。

黑川纪章用"抽象象征"这一概念来阐释这座建筑。复杂的解读请参照矶老师的文章，简单来讲的话……

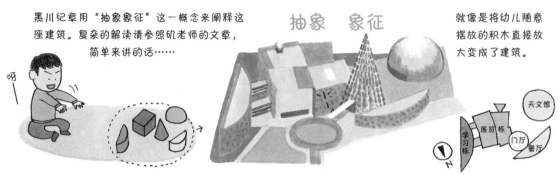

就像是将幼儿随意摆放的积木直接放大变成了建筑。

门厅是一座由玻璃制成的圆锥体。悬臂坡道的巨型螺旋非常震撼。

门厅与天文馆栋由水池下方的地下隧道相连。

门厅地面上的银色圆圈描绘的是太阳系的行星轨道。

地球在哪里？

冥王星

天王星

海王星

从地下隧道的天窗可以看到水面上晃动的穹顶。

回去的路上可以看到圆锥体。

这是在向白井晟一的原爆堂（未完成）致敬吗？

孩子们特别兴奋

这处设计的意图是下到地下一层，才能最终发现地球的轨道。

原来如此，这样可以直观体会到太阳系的规模。

地球

木星

其实，本次巡礼最吸引我的是孤零零设置在天文馆一侧的这个物件。

这是什么？

据说开馆之初，这个机器人经常自动打扫水池。孩子们看到它，肯定特别兴奋吧。

这是打扫机器人，但是现在被固定住了。

好厉害！

彼时梦想的未来，多么令人怀念——望着这座建筑，不由心生怀旧之情。在这里，孩子们会思考未来，大人们会回忆过去。黑川纪章将如此巧妙的装置引入了建筑，是我过度解读了吗？

1995

后现代派的孤独

高崎正治都市建筑设计事务所

辉北天球馆

—— 鹿儿岛县

地址：鹿儿岛县辉北町市成 1660-3　结构：RC 结构　层数：地上四层　建筑面积：427 平方米　设计：高崎正治都市建筑设计事务所
结构设计：早稻田大学田中研究室　设备设计：西荣设备　施工：五洋·春园 JV　竣工：1995 年

这里是位于大隅半岛根部的鹿儿岛县鹿屋市。在远离市区山上的公园内，坐落着辉北天球馆。环顾四周，人工产物只有用于风力发电的风车。辉北天球馆处在自然景观的正中央。

即使从远处来看，建筑的形态也具有强烈的冲击力。呈锯齿状向外突出的露台和楼梯，如同缠绕着向高空举起的纺锤形物体。立柱是倾斜的，向上方极力延伸的3座立柱顶端，形似盛开的花朵般指向天空。

辉北天球馆是一座附设展览设施的天文台。与鹿屋市合并之前，为了纪念在环境省举办的"全国星空持续观测"活动中连续4年获得日本第一，辉北町建造了这座天文台。设施旨在让人们在日本空气最通透的地方，观赏日本最美的星空。附近有露营小屋，还可以住上一晚享受观星的乐趣。

穿过大门走近建筑。一层的鸡腿式基柱样式是一座名为"大地广场"的人工庭院。虽然除了提供洗手间外没有其他功能，但只是在立柱周围散步也很有乐趣。二层环绕着露台，从这里可以清晰地望见樱岛。

真诚的后现代派建筑

在售票处购票后，我们进入内部。纺锤形物体内部，是被称作"零空间"的研修室。虽然设置了圆形剧场的阶梯式座位，但没有设置舞台。据说，这里平时还会铺设临时地板，举办音乐会，但贯穿中央的3座立柱似乎很是碍事。馆长也抱怨道，"在这里举办活动很不方便"。

但是，这个如同倾斜水滴内部一般的空间，只是置身其中，就仿佛感受到某种精神。这是一个即使不举办活动也让人想长时间停留的场所。

从这里再上一层，就来到了三层的展厅。这里陈列着和宇宙相关的照片和展板。再上一层是观测室，内部架设着一座口径为65厘米的卡塞格林式反射望远镜。二层还设有另外一间展厅，其天井上的星座装饰闪闪发亮。

建筑的设计者是高崎正治，鹿儿岛出身，其事业重心也在这里。他的作品风格独特，标榜"作为环境生命体的建筑设计"。本书此前收录的后现代派建筑，即使各自采用了独特的造型，我们也能找出其在历史上的建筑样式或

A 南侧全景 | B 倾斜立柱林立的大地广场。右侧的卵形部分是儿童之家，目前未对外开放 | C 设置于二层观景交流广场上的"地球人" | D 观测室内的反射式望远镜 | E 二层的"零空间" | F 三层展厅 | G 仰视贯穿三座立柱的"零空间"

地域性素材中的参照原型。但我们很难指出高崎建筑的原型。

将辉北天球馆的纺锤形看作对鹿儿岛特产番薯的仿照也不是不可以。但是，设计者本人从未做过那样的说明。在不借助易于理解的造型、从原理上否定现代派的意义上，它可谓最具力度的后现代派建筑吧。

在这里，没有20世纪80年代后现代派建筑中挥之不去的讥讽态度，这座建筑始终是坦率、真诚的。

"虚构时代"终结时

社会学家见田宗介（1937年出生）将战后日本划分为三个时代（《现代日本的感觉与思想》，1995年）：从战争结束到20世纪50年代的"理想时代"、60年代到70年代前半期的"梦想时代"，以及70年代后半期到90年代的"虚构时代"。

这种划分方法为理解战后建筑提供了浅显易懂的框架。由前川国男等人开创的现代派建筑揭示了社会今后应不断奋斗的"理想"，之后出现的新陈代谢派建筑家利用科幻小说一般的城市规划描绘出了"梦想"，随后登场的后现代派建筑，总体来说，与"虚构时代"相匹配。

继承见田的观点，同为社会学家的大泽真幸（1958年出生），将1995年视作"虚构时代"的终结。毋庸赘言，这是阪神大地震与东京地铁沙林毒气事件发生的年份。大泽认为，"虚构时代"造就的终极怪物是奥姆真理教，由此，时代自行引爆了（《虚构时代的尽头》，1996年）。

进入20世纪90年代后，建筑界也从后现代派的隆盛逐渐转向对现代派的重新评价。后现代派建筑在社会不再容许虚构的形势下，失去了立足之地。其转折点同样出现在1995年，本书也以这一年作为一个节点。

辉北天球馆是诞生于后现代派终结之年的终极后现代派建筑，同时也是"终极的虚构"。从社会的一般想法来看，可以说，这是一座不可能实现的建筑。

但是，它确实存在。造访辉北天球馆时，感受到的不是虚构性，而是绝对的真实。

正因为这座建筑建在与城市隔绝的环境中，那种真实才成立，也正因如此，这座建筑才得以延续至今吧。

在九州南端的山上，直指高空、久久矗立的辉北天球馆——最后的后现代派建筑是孤独的。

哇，好壮观！这是笔者对这座建筑的第一印象。虽然这里曾用作《日经建筑》的封面装饰，但单看照片是无法感知它的实际规模的。

如果旁边建有大楼的话，那么它的规模差不多相←当于一座地上十层的大楼。

观测室

研修室

展示室

展望广场

星际巨蛋

哇，壮观！

前往二层的入口之前，笔者看到了一层的中空部分，令人震惊。从来没见过这样的空间！

这是什么？

嗯……真的是地球上的建筑吗？

究竟是如何施工的呢？出众的细节比比皆是，由此可以想象型板工匠有多辛苦！

大地广场

地下水流

N

1层平面图

这个空间的意义究竟是什么？虽然图纸上标记着许多名称，但似乎没有特定的功能。遗憾的是，多数参观者只是路过，并没有注意到这个空间。建筑爱好者应该先来这里看看。或者说，这里才是最大的看点。

二层观景广场的设计也很厉害。即使不进入内部参观，也能充分感受到这座设施的魅力。在这里，不要问"意义是什么"。

不要仅仅满足于观赏外部就打道回府了。门票500日元，内部也值得一看，特别是精妙的研修室。

啊樱岛！

距离功能主义最为遥远，
距离表层主义也最为遥远？

玻璃

3根倾斜的立柱贯穿外墙，冲出主体之外。这座巨型室外雕塑名为"心之御柱"。

呈球面状凹陷的地面中央竟然有一只"眼睛"！这是在表达"宇宙没有上下之分"吗？

距离辉北天球馆约两小时车程，位于指宿市的油菜花馆也是高崎正治的作品（1998年）。这里也看点多多，我们改日再来……

隈研吾 （建筑家、东京大学教授）× 矶达雄 （建筑作家）

"这是在与社会搏斗中产生的紧张感。
没有比这更有趣的时代了。"

二人位于隈研吾事务所的屋顶露台。在矶达雄（右）后方，隈研吾设计的多立克（Doric）办公楼（1991年）隐约可见。（对谈摄影：花井智子）

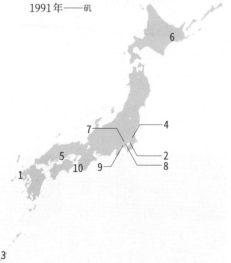

出生于1954年的隈研吾，在本书选取的1975年至1995年的20年间，从东京大学建筑专业毕业，踏上了建筑家的道路。与之相反，矶达雄（本书作者）在后现代派的鼎盛期进入名古屋大学建筑专业接受洗礼。相差10岁的二人，如何看待这个时代？他们分别选出了5件"思考日本后现代派时尤为重要"的建筑作品，并展开了对谈。

矶 | 很多人表示，相较于现代派，后现代派令人难以理解。

隈 | 那是因为后现代派具有两面性吧。

矶 | 两面性是指？

隈 | 其一是"场所性"的复活。现代派是一种全球主义，用抽象的样式覆盖全世界。与之相反，后现代派是一场重新认识各个场所固有性的建筑运动。

矶 | 那么另一面是什么？

隈 | 另一面是"泛美主义"。推动后现代派发展的是部分美国建筑家，他们将希腊、罗马以来以非场所性为基础的古典主义建筑，作为美国的场所性提取出来。其结果就是，出现了否定场所性的扭曲现象。

后现代派是由美国传入日本的。也就是说，其中具有被迫接受发源于美国的全球主义的一面。因此，我认为作品会因为两张面孔哪个表现得更为强势而存在不一致性，这使得后现代派令人费解。

矶 | 这样说来，您选择白井晟一设计的**怀霄馆（亲和银行总行第3次扩改建计算机楼）**的理由是什么？

隈 | 白井是一个重要的存在。他是后现代派的先行者。从原爆堂计划（1955年）可以看出，白井以一种异于水平性与透明性的观点，接纳了现代派。它最终会变成一种类似于后现代派的箱形或垂直性的东西。特别是怀霄馆，它的箱形和垂直性表现得很强烈，对于之后以矶崎新为代表的日本后现代派建筑家而言，是一个外形的先例，也给了他们勇气吧。

从现代派向后现代派的转变，是作为老师的丹下健三，与作为弟子的矶崎新、黑川纪章之间发生的大型"弑父"事件。支持这次"杀人"行动的正是白井晟一吧？我是这样看待的。

矶 | 实际看到这座建筑时，感到有趣的一点是，白井像一位博物馆馆长，从世界各地搜集来各式各样的素材，用来打造空间。

隈 | 现代派与后现代派之间，还存在一种"策展建筑"，可以说，它起到了"合页"的作用。

"正确"中无法诞生新意

矶 | 我首先选择的是大高正人设计的**千叶县立美术馆**。现代主义者转向后现代派性质的设计可见于20世纪70年代，我认为，千叶县立美术馆是其中的代表案例。在这之后，大高的建筑全部架设了大屋顶。

俯视怀霄馆（照片右）与亲和银行1期、2期建

怀霄馆门厅

1 | 怀霄馆

连载中还收录了大江宏的角馆町传承馆（1978年，P192）。这座建筑同样架设了大屋顶，并加入了拱形造型。进入20世纪80年代后，甚至连前川国男也架起了屋顶。

从所谓的"现代派五原则"式的造型逐渐偏离的现象，出现在20世纪70年代，这似乎是丹下最终转向后现代派之前的大潮流的序幕。您怎么看待这一时代现代派巨匠们的动向？

隈 | 坦白讲……我认为很没型（笑）。我的意思是，牵强附会的理论很无聊，"正确"的说法拖累着平庸的现代派，非常沉重，在20多岁的年轻人看来，像是在说谎，没有内涵。

虽然矶崎用"充满智慧的滑稽性"这一委婉的说法，向日本介绍了后现代派，但是现代主义者无法理解其中隐含的伪恶性与批评性，盘踞在自己的"正确"之上，无聊至极。但是，

隈研吾（Kengo Kuma）1954年生于神奈川县横滨市，1979年从东京大学研究生院硕士课程建筑学专攻结业，曾任哥伦比亚大学客座研究员，1990年设立隈研吾建筑都市设计事务所，2001年任庆应义塾大学教授，2009年任东京大学教授。

任何时代都不会从"正确"中诞生新事物。

矶 | 接下来您选择的是象设计集团的**名护市政厅**（1981年）。

隈 | 这是我至今非常喜欢的建筑。它既不是现代主义者们的"正确"形式，也不是矶崎"充满智慧的滑稽"，而是直球定胜负，将冲绳的

千叶县立美术馆外观

大屋顶一侧

风土以这个规模打造成一座前所未有的建筑，令我感触颇深。虽然我一直认为象设计集团大量使用狮像的装饰性部分有些多余，但在名护市政厅中，它退到了配角的位置，甚至令人感受到了古典式的力度。

并不是谁都能成为丑角

矶 | 接下来是您选择的**筑波中心大厦**（1983年）。

隈 | 这座建筑是从水平性、透明性这一丹下流派的现代派，转向能够表现垂直性的"箱形"建筑的里程碑。归根结底，若是周围环境复杂，给予的条件变得苛刻的话，呈现丹下流派结构的现代派"箱形"建筑便会瞬间瓦解。

确立了不致"箱形"建筑瓦解的做法的是矶崎和黑川。多亏了他们二人，之后日本开始大胆采用箱形公共建筑了。

矶 | 您的意思是，矶崎和黑川开创了一种手法，使得公共建筑的功能组织模式与建筑性的表达可以和谐共存？

隈 | 是的。包括商业在内，无论何种功能组织模式，这一技法都能让建筑获得相应的外形。由于具备这种技法，欧洲的古典主义建筑得以自希腊罗马时代起，延续2000多年。我认为，首先掌握了这种成熟技法的日本建筑家就是矶崎和黑川。

矶 | 我举出的石井和纮的**直岛町公所**（1983年），与筑波中心大厦存在关联之处。它也是仅使用"引用"手法打造出的建筑。我在它落成的同年进入大学，对于使用引用做建筑的手法很有共鸣。因为我当时在思考，难道今后做建筑会像高桥源一郎的小说或黄色魔术交响乐

名护市政厅南侧外观　　　　　　　　　　　　　从东面看向北侧的屋顶

团的音乐那样，只能使用引用手法吗？

隈 | 直岛町公所具有一种超越"引用"的趣味。其大量使用薄屋顶和斜线条的设计，与周围的木造家宅十分契合。因为我对建筑中的城市设计——新建筑对周围环境的粒子感与物质感有何反应很感兴趣，所以看到这座建筑后，觉得石井做得很不错。

矶 | 原来如此。您的意思是不能仅从"引用"的方面来评价它。那么，您如何看待这座建筑中融入的日式语汇——和风呢？

隈 | 马克思有一句名言，"第一次作为悲剧出现，第二次作为喜剧出现"，但相反，我认为第一次只能作为丑角登场。暂且不论村野藤吾、吉田五十八等已作古的建筑家，在世的建筑家使用日式语汇曾是一种禁忌。要突破这一禁忌，就只能扮丑角吧。

矶达雄（Tatsuo Iso）

迈克尔·格雷夫斯（美国建筑家）看到筑波中心大厦后，给矶崎发了一封询问信："为什么你不使用'和'的要素？"这在本质上触碰到了矶崎的界限吧。也就是说，矶崎在箱形技法范围内无法运用"和"。但是，石井却凭借滑稽性的才能，巧妙地融入了"和"。总之，并不是谁都能成为丑角的。

从筑波站的巴士终点站看向筑波中心大厦　　　　　台基外墙

4| 筑波中心大厦

若想超越界限,
只能"扮丑角"。——隈研吾

给甚至引用了和风的直岛町
公所极大的冲击。——矶达雄

宇宙学派的悲剧

矶| 接下来我举出了毛纲毅旷的钏路市立博物馆(1984年)。以毛纲为代表,渡边丰和、高崎正治的建筑,以所谓的"宇宙学"为主题,在20世纪80年代获得了很高的评价。但是,现在连学生们都不怎么感兴趣。但实际观赏的话,甚至高崎的辉北天球馆(1995年,P330)也有非常震撼的一面。我认为,我最终没能详尽地说明它的优点。

隈| 我也观赏过钏路市立博物馆,但混凝土箱形从内到外被策展人弄得脏兮兮的,让我很失望。宇宙学派的悲剧在于,它与20世纪80年代的商业主义过于契合,因此它的思考被当作商品对待。虽然毛纲等建筑家试图将宇宙要素引入建筑的尝试很有意思,但从实际的建筑中,却体会到了将宇宙学商品化的时代中充斥的不快感。

在毛纲的建筑中,我比较青睐他母亲的家宅"反住器"(1972年)。我的老师原广司的作品中也有宇宙学性质的部分,在木造的低成本住宅中,其力量发挥得最为出色。建筑规模一旦扩大，宇宙学就极易被商业主义破坏。

矶 | 接下来您选择的是克里斯托弗·亚历山大设计的盈进学园东野高等学校（1985年）。

隈 | 美国的学院派在对待场所性时，也将其强行当作"科学"。我想让人们记住这座建筑是其中的代表，所以选择了它。

矶 | 实地参观时，我和宫泽（插画作者）深受感动。虽然竣工之初好像出现了很多失望的声音，但我们认为这座建筑采用这样的设计很合适。周围空无一物，说像迪士尼乐园也可以，但我认为它更像某种实现了的乌托邦。

隈 | 亚历山大应该是在头脑中将自己就读的剑桥大学的校园当作了一个理想，从而想找回那样的空间吧。虽然做了很多理论武装，但实际

上，他是为培养自己的地方献上了一件青涩的致敬作品。或许建筑家都无法逃脱这样的宿命吧。特别是美国，正是被那种理论武装起来的国家吧。从这一层面来讲，我认为这座建筑也具有深远的意义。

原广司的"咕嘟咕嘟"感

矶 | 原广司的大和国际（1986年）是我大学时代最为感动的建筑。在杂志上看到它时，我为建筑可以做到如此复杂的程度感动不已。

隈 | 我也是，第一次在那种规模的建筑中，感受到之前从原广司的小型住宅中获得的感动。原广司特有的"咕嘟咕嘟"的规模感，直接覆盖了整座建筑，那是矶崎和黑川没有的独特的

直岛町公所

5 | 直岛町公所

钏路市立博物馆。照片左侧为正在摄影的矶达雄

6 | 钏路市立博物馆

规模感。

矶崎和黑川是优等生，这一群体能够在深刻领会丹下流派的现代主义和结构主义的基础上，加入古典主义建筑的养分进行设计。而原广司，则在根本上具有那些优等生头脑中无法还原的规模感和材料感，在大和国际中，这种民宅性质的规模感被放大。这是一座细腻的粒子感与大轴线共存的建筑，我也受到了它的影响。

矶 | 接下来您举出的长谷川逸子的湘南台文化中心也是"咕嘟咕嘟"的（笑）。

隈 | 我曾认为长谷川是现代主义者，但这座建筑落成后，我发现它并不是现代派的。我将这位现代主义者所追求的东西放到现实中去观察，意外发现原来她拾起了场所性，所以令人感到非常亲切。虽然伊东丰雄的八代市立博物馆（1991年，P296）也存在这样的部分，但还是普遍性和抽象性占优。

长谷川感到通过这座建筑她稍稍超越了界限。如果看到建筑中使用泥土的细节，你就会意识到，现代派与场所性或许并不像人们所说的那样对立，这是一座能鼓舞人的建筑吧。

场所性是"无底的泥沼"

矶 | 我想稍微谈一谈泡沫经济，所以最后选择了永田·北野设计事务所的川久酒店（1991年）。这座建筑给人的感觉是从根本上建造的，不仅仅是表层，而是一座处于泡沫经济

隔着池塘看向盈进学园东野高等学校的讲堂　　教室群

7 | 盈进学园东野高等学校

时期才得以实现的建筑吧。但是，尽管作为建筑，它被建造得十分用心，但也没有被世人接受，作为酒店倒闭了一次，具有某种悲剧色彩。

隈 | 豪斯登堡（1992 年）也是这样的地方，但场所性并不是能以"正确"的方式交往的对象。它非常恐怖。如果没有认识到这一点而与场所相争，就会陷入无底的泥沼而动弹不得，无论是作为建筑的表现，还是在经营上，都会令人不堪重负。

为了与场所性对峙，使用诸如艺术一类的武器，提升一级至元级，是非常必要的操作。因为艺术中包含滑稽性和批判性，因此石井的立场可以说是具有可能性的。

矶 | 矶崎也明白这一点吧。

隈 | 丹下、大高等现代主义者不具有艺术家的方法论，因此无法与场所性抗衡。另外，勒·柯布西耶既是建筑家又是艺术家，因此他具有将自己提升至元级的手段，能与场所性展开对峙。正因如此，在昌迪加尔的一系列项目中，即使面对的是印度，他的作品也不会变得沉重。柯布西耶既是典型的现代主义者，也是典型的后现代主义者。他的艺术家特性使之成为可能。

日本后现代派中的紧张感

矶 | 您怎么看待这一时代建筑中的滑稽性和艺术性？

隈 | 这是一个摇摇欲坠的时代，牵扯滑稽性，

大和国际的西侧外观　　　　　　　　湘南台文化中心内的墙面

8| 大和国际

9| 湘南台文化中心

就会从这边的悬崖坠落；而牵扯正当性，又会从那边的悬崖坠落。这个时代将各种建筑的方法论拉扯至极限进行了尝试。成功和失败都有样本。我现在的态度正是因为身处这个时代才显现出来。

美国的后现代派是单纯的历史主义，整个社会也朝着这一方向发展，因此没有必要滑稽化，也不存在紧张感。但是在日本，支撑社会的文化是不稳定的，建筑家一边与文化形势搏斗一边做建筑。这种紧张感体现在作品中，现在看来也十分有趣。

矶 | 如今，在中国和中东出现了很多个性化的建筑。在这些国家，会诞生与日本这一时期相似的建筑吗？

隈 | 目前不可能吧。无论是与社会、文化的搏斗，还是紧张感都还很稀薄。建筑反映的是与社会的关系。小说在这一点上也很有趣，在日本后现代派的20年间，是可以实践文学性欣赏方式的时代。说到欧洲，柯布西耶、路德维希·密斯·凡德罗生前所处的战争前后的时代也是如此。瓦莱里将其称作"精神危机"的时代。

希望大家将后现代派的时代视为一部讲述建筑家如何与社会搏斗的纪录片。做建筑这种行为之中，一定存在这样的侧面，因此我认为，这个时代的样本对于年轻人来说也有很大的参考价值。

| 仰视川久酒店的外墙

| 餐厅的仿大理石柱（泥瓦润饰）

10 | 川久酒店

这是一个将各种方法论尝试做到极限的时代。——隈研吾

如今中国和中东的建筑是后现代派性质的吗？——矶达雄

后记

时代的证词

听到"后现代派建筑"一词，你的脑海中会浮现怎样的形象？

配色华丽、带有装饰性的外装，架设山形或拱形的屋顶，还是引用过去的著名建筑？也许有人会指出，"不对，这不是形象，而是理念"。总之，这个词语被赋予的意义因人而异。

但是，从肯定还是否定这一方面来讲，目前建筑界对所谓的"后现代派"，带着否定意义使用的情况居多。词语中隐含了一种批判，即认为它们是华而不实的轻浮建筑。举例来讲，假如你是一位建筑家，你设计的建筑被称赞为"优秀的后现代派建筑"，老实说，你不会感到高兴吧？

但是在某一时期的建筑界，后现代派的确成了一股相当壮大的潮流，并且受其影响的建筑家也不在少数。

如果仅从怪异的外观就判定它是奇特之物的话，那不就是只从表面来看建筑了吗？

正确理解"思考现代派之后的建筑"这一意图，重新审视后现代派建筑，并且将其意义和价值传达给以后接触到这类建筑的年青一代——出于这样的目的，我们编写了本书。

广泛收录具有时代象征性的建筑

本书以《日经建筑》杂志自2008年起3年间连载的"建筑巡礼后现代派篇"的文章为基础，此外加入了新编写的"顺路拜访"和对谈的内容，做成了单行本。

作者宫泽洋及本人早前出版了《昭和现代派建筑巡礼·西日本篇》和《昭和现代派建筑巡礼·东日本篇》。这两本书收录了1945年至1975年竣工的日本现代派建筑，而本书是其续篇。

本书的采访对象是1975年至1995年这20年间在日本竣工的建筑。虽然这是被称作"后现代派"的建筑繁盛的时代，但我们避开了对"后现代派建筑"的严格定义，广泛收录了具有时代象征性的建筑。因此，其中也包括一般不会被称作后现代派建筑的对象。

采访方法及呈现形式与《现代派建筑巡礼》相同。我们二人一同参观建筑，宫泽负责插图，本人负责摄影和文章。"顺路拜访"版块的文章由宫泽执笔。

一塌糊涂的时代

虽然《建筑巡礼后现代派篇》是《昭和现代派建筑巡礼》的续篇这一点毋庸置疑，但我们对刊载的顺序做了很大的改动。《现代派》是按照建筑的所在地，自西向东编排，而《后现代派》是按照竣工年份的顺序编排，大致分为三个时期。改动的原因是，我们希望在每个部分中，在介绍各个建筑的同时，也通过它们之间的联系呈现一个时代。

那是一个怎样的时代？那是一个经济高速发展结束、科学进步与技术发展创造的玫瑰色未来这一神话破灭后的时代。引领人们走向更美好社会的先锋消失了，在价值的相对化中，只有差异在膨胀。正是一个如此一塌糊涂的时代。

就本人而言，开始了解建筑正是在这一时期。在矶崎新的筑波中心大厦竣工的1983年，我进入了大学的建筑专业。一边目睹着陈旧而无趣的现代派被排挤到一边，新颖而有趣的后现代派逐渐席卷了建筑媒体，一边学习着建筑。就像雏鹅出生后会将看到的第一个生物认作母亲一样，我的建筑观也是后现代派建筑培养起来的。

毕业后，我成为一名建筑专业杂志的记者，之后由于工作的关系，观赏过不少竣工的建筑。那一时期，泡沫经济已经开始，此前完全不可能实现的一座座豪华后现代派建筑在我的眼前拔地而起。起初我还很惊讶，后来就变得习以为常了。

正是拥有这样经历的作者编写了本书的文章。因此，这不是一本事后俯瞰、定位建筑运动的历史书，或许读者应该将它当作置身其中的人做出的时代证词来阅读。

后现代派之后，建筑界的发展

进入20世纪90年代后，泡沫经济崩溃，后现代派性质的建筑设计也走向了末路。以功能组织模式论述建筑的现代派建筑的功能主义手法受到了关注；在建筑形态上，采用光滑的长方体、形式简单的建筑逐渐增多。在这之中，本书设定为后现代派时代节点的1995年到来了。

将这一年作为节点是有特殊意义的，因为阪神大地震和东京地铁沙林毒气事件这两起大事件就发生在这一年。对于建筑家而言，这促使他们对此前的设计进行深刻的反省。虽然建筑界的后现代派已经衰败，但由于这两起事件，它被直接扼杀了。

对于就这样终结的后现代派建筑设计，我们在这3年间再次进行了一番探访。然而，就在我们的采访之旅即将结束时，发生了"3·11"日本大地震这一巨大的灾难。

我感受到了其中不可思议的巧合。或许我们正在见证建筑设计潮流再度转向的瞬间——尽管目前，我们还看不出它的样貌。

矶达雄

[《日经建筑》刊载期号/采访时间]

本书重刊的《日经建筑》连载中的文章、各章扉页的前言由矶达雄执笔。"顺路拜访"的插图解读、标题由宫泽洋执笔。对谈文字由长井美晓（作家）汇总整理。建筑摄影的部分，《日经建筑》的重刊部分由矶达雄拍摄，"顺路拜访"、对谈中的照片由宫泽洋拍摄。

地名索引

(按所在地收入本书的建筑数量排序)